김희준 교수와 함께하는

자연과학의 세계 2

김희준 교수와 함께하는

자연과학의 세계 2

궁리
KungRee

저자의 말

자연과학의 키워드는 우주와 생명이다. 자연을 이해하는 데 핵심인 양자역학을 발전시켜 1933년에 노벨 물리학상을 받은 슈뢰딩거는 DNA의 구조는커녕 DNA가 유전물질이라는 사실도 알려지기 전인 1944년에 트리니티 칼리지에서 〈생명이란 무엇인가?〉라는 제목으로 일련의 강의를 하면서 생명 현상의 본질을 '질서는 서열로부터(order from order)' 와 '무질서로부터 질서로(order from disorder)' 의 두 마디로 요약했다. 그 후 생명의 질서는 단백질의 아미노산 서열로부터, 그리고 아미노산 서열은 DNA의 염기 서열로부터 오는 것이 생명 현상의 센트럴 도그마로 자리잡았다. 우주 전체적으로는 질서로부터 무질서로 나아가는 것이 열역학이 말하는 자연의 법칙인데도 불구하고, 생명체는 그 반대로 질서화가 일어나는 특수한 시스템이다.

슈뢰딩거가 강연을 한 후 반세기가 지나기도 전에 우리는 DNA에 들어 있는 수소, 탄소, 질소, 산소, 그리고 인, 이 다섯 가지 원소의 기원을 우주의 기원과 별의 진화의 맥락에서 파악하게 되었다. 그리고 이들 원소가 화학결합을 이루어 생명의 알파벳인 네 가지 염기와 이중 나선 구조를 만드는 우주적인 생명의 비밀을 알아냈다.

이처럼 이제 21세기를 사는 우리는 빅 뱅 우주로부터 현생 인류의 탄생까지 자연을 한눈으로 조망할 수 있는 단계에 이르렀다. 그런 거시적 시각으로 가르치고 배우면 딱딱한 줄 알았던 자연과학이 우주적인 의미를 지닌 채 전혀 새롭게 다가온다. 그리고 과학 공부가 재미있고 신나게 된다. 요즘은 중고등학교 과학교육에도 통합과학의 바람이 불고 있는데, 실상은 종전대로 물리, 화학, 생물, 지구과학을 묶어놓았을 뿐이지 자연을 거시적으로 한눈에 바라보는 시각을 제공한다는 의미의 통합과학은 아직 제대로 이루어지지 못하고 있는 것이 현실이다.

20여 년 동안의 미국 생활을 청산하고 귀국해서 나이에 어울리지 않는 젊은이 같은 의욕으로 서울대 계절학기에서 자연과학개론 강좌를 부활시킨 지가 벌써 6년이 되었다. 강의를 진행하면서 거시적인 시각으로 자연과학을 공부하는 것이 좋은 방법이라는 확신이 더해갔다. 그래서 수강생들의 성원에 힘입어 빅 뱅에서 생명에 이르는 우주적 드라마를 광자(光子, 빛의 입자)와 각 분야의 대가들과의 대화 형식으로 엮어보았다. 어둠을 헤치고 수십억 광년을 날아와 우주의 비밀을 전해준 것이 빛이고 보니, 광자와의 대화를 통해 자연에 관한 궁금증을 풀어가는 것이야말로 가장 적절하지 않은가?

단순하게 지식을 전달하는 것이 아니라 대화 형식을 통해 과학의 발전이 이루어진 배경과 그 과정에서 이루어지는 사고의 전개를 보여줌으로써 독자들이 사고력과 창의력을 키우는 데 많은 도움이 될 수 있도록 노력했다.

마지막으로 1998년 여름에 『자연과학개론』이라는 이름으로 자유아카데미에서 처음 출간했던 이 책이 오류들을 수정하고 새 모습으로 단장하여 독자들 앞에 설 수 있게 수고해주신 궁리출판, 그리고 마음으로 격려를 보내준 아내와 부모님께 감사를 드린다.

2003년 2월 관악에서

김희준

차례

저자의 말 5

11장 지구는 태양의 주위를 회전한다 —광자, 코페르니쿠스를 만나다

코페르니쿠스적 변혁 17 | 유럽을 휩쓴 흑사병 19

아리스토텔레스와 프톨레마이오스의 우주관 20 | 콜럼버스의 시대 23

변혁의 서막 24 | 천체의 회전에 대하여 27 | 오컴의 면도날 31

티코 브라헤 33 | 요하네스 케플러 37 | 갈릴레이 갈릴레오 39

12장 모든 운동은 간단한 법칙으로 설명할 수 있다 —광자, 뉴턴을 만나다

항성과 우주의 크기 47 | 갈릴레오와 물체의 운동 49

풍차와 물레방아 52 | 가장 창조적인 18개월 53 | 뉴턴의 운동법칙 55

만유인력의 법칙 61 | 프린키피아 64 | 핼리 혜성 66

천왕성, 해왕성, 명왕성의 발견 70 | 기계론적 우주관 73

13장 우주의 에너지는 보존되고 엔트로피는 항상 증가한다 —광자, 클라우지우스를 만나다

에너지 개념을 놓친 뉴턴 77 | 열린계와 닫힌계 78

뉴턴 시대의 보존 법칙 81 | 일과 열의 대응 관계 82

마이어와 에너지의 근원 85 | 열역학 제1법칙 87 | 열역학 제2법칙 90

에너지의 감등과 엔트로피 92 | 열기관의 효율과 엔트로피 변화 97

엔트로피의 확률적 해석 99 | 깁스 자유에너지 102

열 죽음과 우주의 종말 105 | 생명 현상과 엔트로피 106

14장 전기와 자기는 같은 힘의 두 가지 다른 측면이다 —광자, 맥스웰을 만나다
고전 물리학의 마지막 과제 111 | 고대인에게 알려진 전기와 자기 112
흐르는 전기 113 | 동물 전기와 전지의 발명 117 | 전기와 자기의 관련 120
맥스웰 방정식 123 | 헤르츠와 통신 혁명의 시작 125
마르코니와 무선 통신 127 | 물질의 전자기적 성질의 근원 130

15장 시간, 길이, 질량은 모두 상대적이다 —광자, 아인슈타인을 만나다
획일적인 교육을 거부한 아인슈타인 135 | 상대성 이론의 서막 137
스위스 특허국 직원 140 | 갈릴레오의 상대성 142 | 관성계와 비관성계 144
빛과 에테르 145 | 마이컬슨-몰리의 실험 147 | 시간과 팽창과 길이의 수축 150
질량도 변한다 152 | 비상대성 원리? 154

16장 중력은 시공간을 휘게 한다 —광자, 아인슈타인을 만나다
관성 질량과 중력 질량 157 | 아인슈타인의 등가 원리 159
빛은 중력에 의해 휜다 160 | 별빛의 휨을 확인한 에딩턴 162
공간 자체가 휘었다 165 | 일반 상대성 이론과 우주론 169
인공위성과 상대성 이론 170

17장 지구의 표면은 항상 움직이고 있다 —광자, 베게너를 만나다
높은 산의 조개 껍데기 175 | 근대 지질학 이전 176 | 제일설과 천변지이설 178
알렉산더 훔볼트 180 | 판게아와 대륙이동설 184 | 지구의 밀도 188
맨틀 대류 189 | 해저갱신설 191 | 지자기 역전 195 | 지판구조론 197

18장 생명체는 세포로 구성되어 있다 —광자, 폰 노이만을 만나다
세포 자동자 203 | 4천 개의 유전자 206 | 자기 복제의 기본 요건 210
자신을 복제하는 분자 211 | 세포설의 발전 214 | 진핵세포의 구조 218
유사분열과 감수분열 222 | 세포의 분화 224

19장 생명체는 자연 선택에 의해 진화했다 —광자, 다윈을 만나다
진화에 대한 거부감 229 | 자연발생설의 부정 233 | 린네와 종의 분류 234
초기의 진화론 239 | 비글 호의 여행 241 | 맬서스의 인구론과 적자생존 245
동시에 발표된 진화론 247 | 진화론에 관한 논쟁 250

20장 생명체는 같은 유전 암호를 사용한다 —광자, 크릭을 만나다
자연의 조망 255 | 유전 법칙의 발견 257 | 유전 물질은 DNA 260
생명과학의 새로운 지평 264 | 이중 나선 구조 268
유전자는 하나의 파일 273 | 센트럴 도그마 276 | 유전 암호의 해독 280
DNA의 진화 285 | 모든 생명체는 형제자매 288

참고 문헌 293
찾아보기 295

1권 차례

저자의 말 5

1장 우주는 팽창하고 있다 —광자, 허블을 만나다

시간과 공간의 시작 17 | 팽창하는 우주 19 | 우주의 구조 22

원소의 선 스펙트럼 25 | 도플러 효과 27 | 허블의 법칙과 우주의 나이 28

빅 뱅 모델 31 | 마이크로웨이브 배경 복사 34 | 흑체 복사의 스펙트럼 37

우주의 원소 분포 40 | 헤일과의 만남 42

2장 물질은 쿼크와 렙톤으로 이루어졌다 —광자, 와인버그를 만나다

20세기는 1895년부터 47 | 우연은 준비된 마음을 선호한다 50

러더퍼드와 알파 입자의 발견 52 | 천연의 가속기 알파 입자 53

중성자의 발견 55 | 원자 속의 동물원 57 | 쿼크와 렙톤 60

자연의 네 가지 힘 62 | 중성자의 역할 64 | 겨우 존재하는 것들 66

중성 원자의 형성 68 | 힘을 중개하는 입자 70 | 힘의 통합 71

3장 별들은 태어나고 죽는다 —광자, 찬드라세카를 만나다

밤하늘의 별과 마음의 도덕률 77 | 우주공간의 도가니 78

적색 거성과 헬륨 연소 81 | 찬드라세카 한계와 백색 왜성 84

가장 안전한 철의 원자핵 86 | 생명을 가능케 한 초신성 폭발 88

조선왕조실록의 초신성 기록 90 | 1987년의 초신성 폭발 92

중성자별과 블랙 홀 93 | 제자들이 먼저 받은 노벨상 95

4장 핵에너지는 질량의 변환으로 얻어진다 —광자, 페르미를 만나다
태양은 거대한 수소 폭탄 101 | 원소 변환의 현장, 태양 103 | 질량 결손 104
핵분열의 발견 105 | 망명중에 노벨상을 놓친 마이트너 110
맨해튼 프로젝트 111 | 무진장한 핵융합의 원료 115
서서히 타오르는 태양 116 | 불안정한 중성자 119
약한 핵력과 태양의 핵융합 121 | 핵융합의 손익분기점 123

5장 물질은 원자로 이루어졌다 —광자, 데모크리토스를 만나다
탈레스의 원소, 물 127 | 엠페도클레스의 네 가지 원소와 두 가지 힘 130
데모크리토스의 a-tom 131 | 원자 세계의 레고 135 | a-tom은 tom이다 136

6장 원자는 대부분이 빈 공간이다 —광자, 러더퍼드를 만나다
러더퍼드 어머니의 교육열 141 | 캐번디시 연구소 유학 142 | 맥길 대학 시절 143
맨체스터 대학으로 144 | 호기심 많은 조수, 마스덴과 원자핵의 발견 146
원자는 빈 공간 148 | 골트슈타인, 빈과 카날선 150 | 프라우트의 가설 153
양성자의 발견 156 | 양자역학적 원자 모델의 예고 156 | 원자력 시대의 서막 158

7장 에너지는 양자화되어 있다 —광자, 보어를 만나다
현대물리학의 두 기둥 163 | 양자화된 미시 세계 164 | 맥스웰 분포 166
레일리, 진스와 자외선 파탄 169 | 흑체 복사 171 | 플랑크의 양자론 172
아인슈타인과 광전 효과 175 | 수소의 선 스펙트럼 179
보어와 전자 에너지의 양자화 183 | 파동역학 188

8장 원자는 전자에 의해 결합한다 —광자, 폴링을 만나다

화학 결합의 본질 197 | 루이스와 옥텟 규칙 199
화학에서 거둔 양자역학의 열매 200 | 톰슨과 화학 결합 202
전자의 발견 204 | 보어 모델과 옥텟 규칙 205
불확정성 원리와 물질파 207 | 오비탈과 양자화학 209

9장 원소들의 성질은 규칙성을 나타낸다 —광자, 멘델레예프를 만나다

과학실마다 걸려 있는 주기율표 215 | 원소 세계의 혼란 217
단순화의 시도 219 | 더 많은 원소들의 발견 220 | 원소의 옥타브 221
주기율의 발견 224 | 새로운 원소의 예측 227 | 원자량에 따르지 않은 배열 229
노벨상을 놓친 진보주의자 230 | 비활성 기체의 발견 232
원자번호의 발견 234 | 옥텟 규칙의 근거 239

10장 물질의 성질은 원자의 배열의 의해 결정된다 —광자, 밀러를 만나다

화학적 진화 243 | 태초의 환원성 대기 245 | 산소가 바닷물에 다 녹았다면 247
전기음성도 248 | 분자의 극성 250 | 물에 녹는 이산화탄소 251
탄산은 왜 약산인가 254 | 산을 만드는 산화반응 256 | 행성의 대기 259
우주 공간의 래디컬 261 | 런던 분산력 262 | 푸른 행성 지구 266

참고 문헌 269
찾아보기 271

11장

지구는 태양의 주위를 회전한다

"코페르니쿠스는 지구와 인간이 우주의 중심이 아니라는 것을
보여줌으로써 우리에게 겸손을 가르쳤다."
—아인슈타인

"신의 의도는 우리가 어떻게 하늘나라에 가는가를 가르치는 데에 있지,
하늘이 어떻게 가는가를 가르치는 데 있지 않다."
—갈릴레오

코페르니쿠스적 변혁

광자 인류 역사에서 가장 혁명적(revolutionary)으로 생각이 바뀐 것은 아마도 태양이 지구를 중심으로 회전(revolution)한다는 생각에서 지구가 태양을 중심으로 회전한다는 생각으로 바뀐 것이 아닐까 하는데요.

코페르니쿠스 어떤 사람들은 어떤 엄청난 변화를 '코페르니쿠스적 변혁'이라고 표현하더군.

광자 사실 직관적인 관찰에 따르면 태양이 동쪽에서 떠서 서쪽으로 지는 것같이 보이지요.

코페르니쿠스 그래서 직관은 믿을 것이 못 된다는 말이야. 단순히 태양이 지구 주위를 돈다라고만 생각했으면 모를까 거기에 철학적인 이유까지 덧붙였거든.

광자 무슨 말씀이신지요?

코페르니쿠스 그것을 이른바 아리스토텔레스의 의지론적 우주관이라고 하는데, 예를 들면 모든 물체가 밑으로 떨어지는 이유는 우주의 중심인 지구 중심으로 찾아가고자 하는 의지가 있기 때문이라는 생각이지.

아리스토텔레스

광자 천체가 지구를 중심으로 돈다고 하는 생각에도 비슷한 이유를 부여했겠군요.

코페르니쿠스 아리스토텔레스는 지구는 불완전하고 악한 존재이며, 천체는 완전하고 선한 것이라고 생각했어.

광자 지상에 악이 많은 것은 누구나 인정하지만 그렇다고 천체가 선하다는 법은 없잖아요.

코페르니쿠스 그러게 말일세. 아무튼 원을 완전한 형태로 보았던 아리스토텔레스는 모든 천체는 지구를 중심으로 원을 그리며 회전한다고 생각했어.

광자 그런데 지구를 우주의 중심에서 몰아내고 그 자리에 태양을 갖다놓으셨군요. 정말 대변혁이었겠어요. 그 과정에서 엄청난 반발과 혼란이 있었을 테구요. 우선 그런 변화에는 시대적인 배경이 있었으리라는 생각이 드는데요.

유럽을 휩쓴 흑사병

코페르니쿠스 좀 시대를 거슬러올라가볼까. 12, 13세기의 유럽에서는 가톨릭 교회가 종교는 물론이고 국내 정치, 국제 관계 등 인간 생활의 거의 모든 면에서 실권을 장악하고 있었지. 사람들은 교회가 약속하는 구원과 위안을 얻기 위해 더욱 종교적이 되었고 보다 도덕적인 생활이 강조되었어.

광자 어떤 면에서 대부분의 사람들은 마음의 평화를 누리면서 열심히 일하는 그런대로 좋았던 시절이었겠군요.

코페르니쿠스 그런데 1347년에 유럽에는 인류가 겪었던 재앙 중 제일 혹독한 재앙이 닥쳤지. 몸이 까맣게 타면서 죽는 흑사병이 아무런 면역이 안 되어 있는 유럽 대륙을 덮친 거야.

광자 흑사병은 어디에서 시작되었나요?

코페르니쿠스 중국에서 시작되었는데 몽고족이 이탈리아의 제노바를 공격하면서 병으로 죽은 시체를 포위한 성 안으로 던져넣었어.

광자 말하자면 세균전이군요.

코페르니쿠스 세균이라는 게 발견되기 이전이었지만 세균전은 세균전이지. 아무튼 포위된 성 안에서 흑사병은 급속히 퍼졌고, 살아남아 보았자 타타르 족의 공격에 학살되고 말 것을 안 주민들은 목숨을 걸고 지중해 일대로 도주했어.

광자 흑사병이 온 유럽에 퍼져나갔겠군요.

코페르니쿠스 말로 표현하기 어려운 재앙이었지. 당시 유럽 인구의 4분의 1에 해당하는 2천 5백만 명이 죽어나갔으니까 유럽 전역이 시체와 환자로 뒤덮였다고 해도 과언이 아니지. 14세기에만 다섯 번이나 흑사병이 재발했다니 그야말로 생지옥이었을 거야. 원래 인구로 되돌아가는 데 2세기가 걸렸다니 얼마나 많은 고통이 따랐을까?

코페르니쿠스(Nicolaus Copernicus)

광자 그때 태어나지 않은 게 천만다행이군요.

코페르니쿠스 그런 흑사병이 닥치는 바람에 안정과 번영을 누리던 유럽에 공포와 불안이 휩쓸었고 그 통에 경제적, 정치적 혼란이 가중되면서 사람들은 암흑기로 돌아가는 게 아닌가 하는 위협을 느끼게 되었어. 뭔가 바뀌어야 한다는 분위기 속에서 유럽 전역에 걸쳐 정치적, 사회적 변화가 일어났지.

아리스토텔레스와 프톨레마이오스의 우주관

광자 당시의 우주관은 어땠나요?

코페르니쿠스 당시에는 아리스토텔레스의 영향을 받아 이집트의 알렉산드리아에서 활동한 천문학자 프톨레마이오스(Ptolemaeos)의 우주관이 중세 교회의 세계관과 맞아떨어져서 신이 지구를 중심으로 천체가 완벽하고 영구적인 원 운동을 하도록 만들었다는 생각이 절대적이었어.

광자 아리스토텔레스의 영향을 받았다면 4원소설도 믿었겠네요.

코페르니쿠스 지상의 물질 세계는 물, 불, 흙, 공기 네 원소로 만들어졌다고 생각했지.

프톨레마이오스

광자 천체는 다른 원소로 만들어졌다고 생각했나요?

코페르니쿠스 완전하고 선한 천체가 불완전한 지구와 같은 원소를 사용할 수는 없겠지. 그래서 아리스토텔레스는 천상의 세계는 에테르라고 하는 다른 원소로 이루어져 있다고 생각했어.

광자 프톨레마이오스는 천체가 어떻게 배치되어 있다고 생각했나요?

코페르니쿠스 우선 아리스토텔레스의 천체관을 이야기해야겠지. 사실 아리스토텔레스 이전부터 모든 천체는 무언가 변하지 않는 투명한 천상의 물질로 만들어진 여덟 개의 동심구(同心球, concentric sphere)상에서 지구를 중심으로 회전한다는 생각이 있었어.

광자 왜 여덟 개지요?

코페르니쿠스 해와 달, 그리고 당시 알려진 다섯 개의 행성(화성, 수성, 목성, 금성, 토성)에게 하나씩을 배정하고 모든 항성들을 마지막 하나의 구에 집어넣은 거지. 사실 해와 달도 행성으로 취급했지만.

광자 그 많은 별들을 다 한 구에 넣었다고요?

코페르니쿠스 물론 그때는 우주가 얼마나 크고 눈에 보이지 않는 은하계와 별들이 얼마나 많은지 전혀 몰랐으니까. 광자는 해와 달과 다섯 개의 행성을 다른 어디에서 찾아볼 수 있는지 아나?

광자 글쎄요?

코페르니쿠스 힌트는 일곱이라는 수에 있네.

광자 아, 일주일의 이름이 해와 달과 화, 수, 목, 금, 토성에서 따온 거군요.

코페르니쿠스 옛날 사람들이 얼마나 천체에 신경을 썼나 알 수 있지.

광자 요즘도 점성술이나 역술에 빠져 있는 사람들이 많아요.

코페르니쿠스 그러니 옛날엔 어땠겠나? 아무튼 아리스토텔레스는 이 여덟 개의 천구들을 서로 연결해주는 여러 개의 천구들을 생각했고 제일 밖에 있는 천구가 돌면서 그 힘으로 다른 천구들도 따라 돈다고 생각했어. 그런데 이런 생각에 문제가 있다는 것이 금방 드러났지.

광자 어떤 설명할 수 없는 관찰 사실들이 있었나 보지요?

코페르니쿠스 예를 들면 달의 크기가 거의 10퍼센트까지 달라 보이는 것이나 행성의 밝기가 철에 따라 달라지는 것 등은 동심구로는 설명이 안 되지. 게다가 알렉산더 대제가 바빌론을 정복하면서 많은 천문 관측 자료들을 알게 되었는데 아리스토텔레스 식으로는 도저히 설명이 안 되는 거야.

광자 상당히 정밀한 자료를 남겼던 모양이군요.

코페르니쿠스 아주 귀중한 자료지. 바빌론 사람들이 관측 기록을 한 지 1800년이나 지난 뒤 서기 150년 정도에 프톨레마이오스는 아리스토텔레스가 했던 대로 모든 천체 사이의 운동을 서로 연결해보려는 시도를 포기하고, 일단 관측 자료를 수학적으로 설명하기 위해 굉장히 노력했어. 물론 지구중심적(geocentric) 생각에는 변함이 없었지. 프톨레마이오스는 해와 달과 행성들의 운동에 대한 자세한 계산 결과를 『위대한 대계(The Great Syntaxis)』에 기록했는데 이 귀중한 책이 한동안 사라져버렸다가 나중에 아랍어 번역본이 발견되어서 다시 『*Almagest*('위대한' 이라는 뜻)』라는 이름으로 번역되어 서방 세계에 알려지게 되었다지.

광자 그런 과정을 거쳐서 프톨레마이오스가 서방 세계에 큰 영향을 끼치게 되었군요.

콜럼버스의 시대

코페르니쿠스 그런데 15세기 초반에 흑사병의 재앙에서 벗어나면서 유럽에는 새바람이 불기 시작했지.

광자 그 암담한 과거의 기억에서 탈출하기 위해서는 무슨 노력도 아끼지 않았겠군요.

코페르니쿠스 제일 먼저 재앙에서 벗어난 것도 이탈리아였어. 이탈리아가 르네상스라고 불리는 새로운 시대의 중심이 된 것은 우연이 아니지. 이때 고전 문학과 예술에 대한 관심이 되살아났고, 특히 지적 활동을 중시하는 풍조가 강해서 문예부흥은 과학 기술의 혁명을 수반하게 되는 거야.

광자 그래서 이탈리아는 갈릴레오 같은 위대한 과학자를 배출하게 되는군요. 그 시대는 또한 위대한 탐험가들의 시대였지요?

코페르니쿠스 대부분 사람들이 지구는 평평하다고 믿었던 시대에 콜럼버스, 베스푸치, 마젤란 같은 탐험가들은 지구의 끝을 향해 항해를 한 거지.

광자 수학도 아울러 발전했겠군요.

코페르니쿠스 이탈리아가 흑사병으로 인한 폐허를 복구할 때 수학은 건축, 측량, 항해 등 여러 분야에서 널리 쓰이게 되었지. 특히 대양을 건너는 탐험을 하는 데는 천체에 의존하는 수밖에 없었기 때문에 천문학이 더욱 중요하게 되었고, 정확한 천체 관측 자료가 모이고 더구나 지구가 둥글다는 것이 확실해지면서 천체의 운동에 관한 생각이 조금씩 바뀌기 시작했어.

광자 콜럼버스의 시대에서 코페르니쿠스의 시대로 이어지는군요.

변혁의 서막

코페르니쿠스 프톨레마이오스의 우주관에 커다란 문제가 있다는 것을 처음 지적한 것은 내가 아니고 독일의 뮐러(Mueller, 1436-1476)였지.

광자 어떤 문제였는데요?

코페르니쿠스 프톨레마이오스는 지구 중심적인 우주관에 입각해서 행성들의 운동을 설명하기 위해 하는 수 없이 행성의 원궤도상에 주전원(周轉圓, epicycle)이라는 또 하나의 작은 원을 도입했지.

광자 행성이 가끔 역행(逆行, retrograde)하는 것처럼 보이는 현상 말이지요?

코페르니쿠스 예를 들면 다른 별에 대한 화성의 상대적인 위치가 4, 5, 6월에는 점점 서쪽에서 동쪽으로 옮겨지는데 7월부터 9월 사이에는 거꾸로 다시 서쪽으로 돌아가는 것같이 보인다는 말이야. 그리고 9월 지나서부터는 다시 동쪽으로 움직이고.

광자 피겨 스케이팅 선수가 작은 원을 그리면서 가뿐히 한바퀴 돌고 나서 다시 크게 원을 그리는 식이군요.

코페르니쿠스 놀이공원 같은 데서 사람을 태운 컵이 작은 원을 그리면서 전체적으로는 커다란 원을 그리는 것과도 비슷하지.

광자 그러니까 프톨레마이오스는 화성이 주전원 내에서 회전을 하고 이 주전원이 지구를 중심으로 다시 회전한다고 설명했군요. 상당히 기발한 착상인데요.

코페르니쿠스 문제는 그래도 관측 자료가 완벽하게 설명이 안 될 뿐만 아니라 다른 부분의 설명을 위해서는 주전원과는 또다른 생각을 도입해야 되는 것이었지. 1463년에 뮐러는 이런 프톨레마이오스의 작은 원은 지구가 중심에서 움직이지 않는다고 생각하는 데서 오는 억지다라고 지적했는데 이거야말로 천동설에

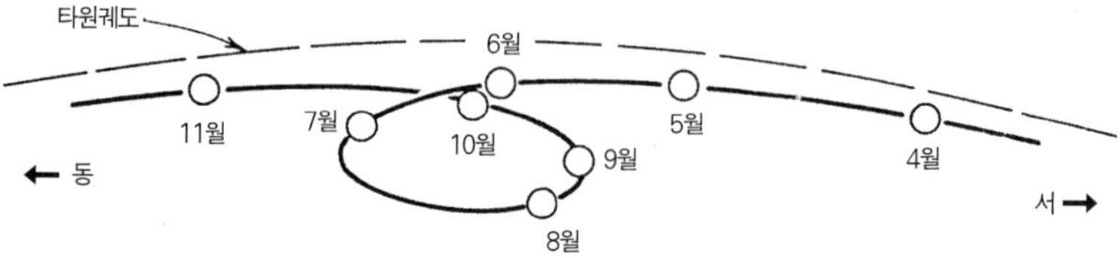

화성의 역행 현상

서 지동설로 넘어가는 중요한 시발점이었어.

광자 그 전에도 지구가 움직인다고 생각한 사람이 있었나요?

코페르니쿠스 사실 아리스토텔레스 이전에도 지구는 축을 중심으로 회전한다는 지금의 자전에 해당하는 생각을 한 사람도 있었고, 또 지구와 태양이 어떤 중심의 불(central fire) 주위를 돈다고 생각한 사람도 있었어.

광자 그 불이 은하수의 중심에 있다고 하면 맞는 말이 되네요. 은하수는 전체적으로 회전 운동을 하잖아요?

코페르니쿠스 그렇지. 14세기 말에는 만일 별들이 제일 바깥에 있는 여덟 번째 천구에 매달려서 24시간 만에 한바퀴를 돈다면, 크고 멀리 있는 별들이 엄청난 속도를 가져야 되는데 어떻게 그것이 가능하냐 하는 문제가 제기되기도 했지. 그보다는 중심에 있는 지구가 자전한다고 보는 편이 타당하지 않느냐 하다 보니 지구는 움직이지 않는다는 생각이 흔들리게 되는 거지. 그 다음에는 무한한 조물주는 우주를 시간과 공간면에서 무한하게 만들었을 것이다. 그렇다면 어떤 위치라도 중심이라고 볼 수 없지 않겠냐 하는 생각까지 나왔어.

광자 아니, 그건 팽창하는 우주에는 중심이 없다는 현대의 우주관과 맞아떨어지네요.

코페르니쿠스 그런데 이것들은 모두 생각에 그칠 뿐이었고 아무도 그런 생각을 증명하기 위해서 자세한 계산을 하지는 않았지.

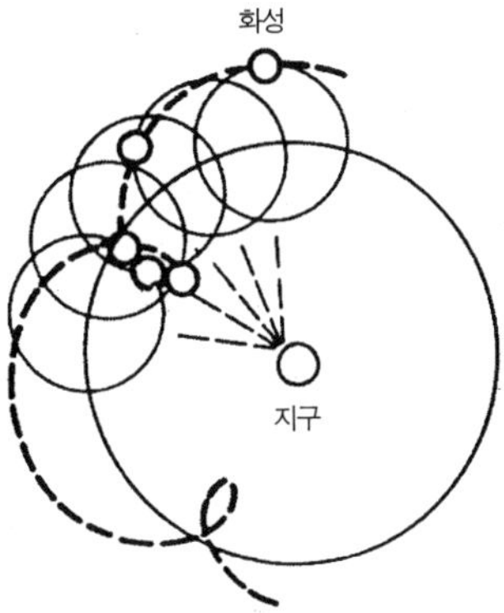

프톨레마이오스의 주전원

천체의 회전에 대하여

광자 선생님은 어떻게 해서 그런 문제에 관심을 가지게 되셨나요?

코페르니쿠스 근원을 캐자면 이집트 시대로 올라가지.

광자 왜요?

코페르니쿠스 정확한 지구의 공전 주기는 365일 5시간 48분 46초야. 그런데 이집트 사람들은 1년을 365일하고 4분의 1일로 계산했거든.

광자 11분하고 14초가 차이 나는군요.

코페르니쿠스 1세기에 율리우스 카이사르가 이집트 달력을 채택하고부터 달력과 실제 절기 사이에 약간씩 차이가 쌓이기 시작했겠지. 그래서 15세기에는 무려 10일이나 차이가 생긴 거야. 이건 농부가 씨 뿌리는 시기를 정하는 데에도 문제가 되었고, 교회에서도 춘분에 지키던 부활절이 3월 11일에 돌아왔어. 1475년에 당시 교황이 뮐러에게 왜 이런 문제가 생기는지 이유를 밝히라고 분부를 내렸는데 뮐러는 관측 자료도 불충분하고 해서 해결을 못 보았지.

광자 그때라면 선생님도 계시지 않았나요?

코페르니쿠스 1475년에 나는 폴란드에서 걸음마를 배우고 있었지.

광자 선생님이 천문학을 공부해서 사람의 생각에 엄청난 변혁을 가져올 줄은 아무도 상상 못했겠지요?

코페르니쿠스 나는 매사에 관심이 많고 재주도 있는 편이어서 여기저기에서 공부를 많이 했지. 폴란드의 크라코브 대학을 졸업하고 이탈리아의 볼로냐 대학에서는 천문학을, 파두아 대학에서는 의학을, 그리고 페라라 대학에서는 법률을 공부했어. 그 밖에도 신학과 그리스 철학을 공부했고. 그 후 유럽의 여러 대학에서 수학, 천문학, 의학을 가르치기도 했지만, 대부분의 시간은 폴란드의 프라우엔부르크에서 당시에 교육을 받은 사람들 대부분이 그랬듯이 성당학교에서 보냈지.

광자 비교적 조용한 시간을 보냈겠군요.

코페르니쿠스 덕분에 마음대로 공부도 하고 실제로 천문 관측도 하면서 천체의 운동에 관한 나름대로의 체계를 세워나가고 있었지. 1514년에 교황청은 다시 뮐러에게 내렸던 분부를 내게 내려서 달력의 오차 문제를 해결하도록 했는데, 그때 이미 나는 프톨레마이오스의 체계는 근본적인 오류를 가지고 있고 지구가 태양 주위를 회전한다고 보아야 천체 관측 자료와 잘 맞는다고 생각하고 있었어.

광자 지동설이 자리를 잡아가고 있었군요. 그 전에는 태양중심설(helio-centricity)을 주장한 사람은 없었나요?

코페르니쿠스 아리스토텔레스와 프톨레마이오스 시대 사이에 살았던 그리스의 천문학자 아리스타르쿠스(Aristarchus)가 그런 생각을 했었지. 사실 나도 그의 생각을 알고 있었기 때문에 힘을 얻었던 거고.

광자 아리스타르쿠스는 어떤 근거로 그런 생각을 했을까요?

코페르니쿠스 일식이 지구상의 일부 지역에서만 관찰되는 것을 보고 태양이 지구보다 훨씬 크다. 그렇다면 태양이 중심에 위치하는 것이 더 자연스럽다는 생각을 했는데 불행히도 그때로서는 그 정도에서 그칠 수밖에 없었지.

광자 지동설이 설명하지 못하는 문제는 없었나요?

코페르니쿠스 당시에는 중력이 알려지지 않았기 때문에 나는 아리스토텔레스 식의 중심을 찾아가는 의지를 대치할 이론을 내놓지 못했지. 그래서 나는 태양이 중심이라면 왜 지구상의 물체가 태양으로 끌려가지 않느냐는 식의 질문에는 묵묵부답이었어.

광자 교황청의 분부는 어떻게 되었나요?

코페르니쿠스 나는 내 새로운 생각을 어떻게 교황청과 마찰 없이 설명할 수 있을까 무척 고민하다가, 결국은 지구, 태양, 달 사이의 관계를 더 잘 이해할 때까지는 달력 문제는 해결하기 어렵다는 식으로 넘어가고 말았지.

광자 과감하게 소신을 밝혔어야 하는 게 아닌가요?

코페르니쿠스 그건 목숨을 내놓는 일이었네. 더구나 가톨릭과 개신교가 대립하면서 분위기가 살벌했으니까. 나중에 칼뱅(Calvin)과 루터(Luther)는 가톨릭보다도 더 신랄하게 나를 공격했다구.

광자 지동설에 좀 자신이 없었던 건 아닌가요?

코페르니쿠스 그건 아니야. 나는 내 관찰과 계산에 확신이 있었지. 친구들의 격려도 있고 해서 1530년에 드디어 내 생각을 공개했지. 내친김에 태양중심설을 자세히 발표하라는 친구들 독촉도 있고 당시 교황 클레멘트 7세는 비공식적으로 내 이론을 받아들였지만 거의 2천 년 동안 믿어온 우주관에 도전한다는 것은 너무나 엄청난 일이었기 때문에 나는 오래 망설였어.

광자 얼마나 오래 기다리셨나요?

코페르니쿠스 10년이 지난 1540년에 드디어 전체 내용을 출판하도록 허락을 했지. 그리고 서문에서 나는 "이 생각은 하나의 수학적인 모델일 뿐이고 반드시 사실일 필요는 없다"고 적었어.

광자 그 덕분에 갈릴레오가 겪었던 수난을 사후에라도 피할 수 있었겠군요.

코페르니쿠스 그럴려고 그랬던 것은 아니었고, 갈릴레오와 나는 큰 변화 속에서 다른 부분을 담당한 것이지.

광자 아무튼 그 위대한 『천체의 회전에 관하여』가 드디어 빛을 보게 되었군요.

코페르니쿠스 1543년 5월 24일, 내가 숨지던 날 그 책이 내 손에 쥐어졌지.

광자 참 감격스러웠겠군요.

코페르니쿠스 지금이 오히려 더 감격스럽지. 수백 년 동안 그 책이 미친 영향을 알고 있으니까 말이야.

오컴의 면도날

광자 달력의 문제는 결국 해결되었나요?

코페르니쿠스 태양을 중심에 갖다놓으니까 그 문제는 쉽사리 해결되었고 프톨레마이오스를 괴롭혔던 주전원의 문제도 사라졌어.

광자 어떻게요?

코페르니쿠스 태양을 중심으로 지구의 궤도가 있고 그 바깥쪽에 화성의 궤도가 있다고 해봐. 어느 쪽이 공전 주기가 짧을까?

광자 선생님도, 그야 당연히 안쪽에 있는 지구가 짧겠지요.

코페르니쿠스 꼭 그래야 한다는 법이라도 있나?

광자 하긴 그렇군요. 아무튼 케플러의 법칙에 보면 그렇게 되어 있지요.

코페르니쿠스 케플러는 다음 세대 사람이고. 어쨌든 사실은 사실이니까 좋아. 그 다음 지구와 화성의 공전 방향은 같을까 다를까?

광자 대부분 행성의 공전 방향은 같다고 알고 있어요.

코페르니쿠스 왜 그런가까지 생각해야지.

광자 초신성 폭발 때 옆에 있던 가스 구름이 모여서 별들이 생기면서 태양계도 생기지 않았나 생각한다던데 그렇다면 같은 방향으로 힘을 받았을 테니까 같은 방향으로 돌겠지요?

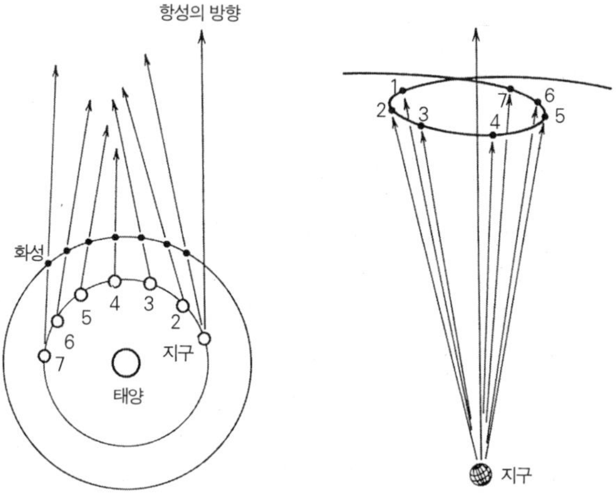

지동설에 따르면 화성의 역행은 쉽게 설명된다

코페르니쿠스 잘 생각했어. 자, 그럼 안쪽 궤도에 있는 지구가 화성을 뒤쫓아간다고 생각해봐. 지구의 주기가 짧으니까 점점 화성을 따라잡겠지.

광자 따라잡을 때는 화성의 위치가 멀리 있는 항성에 비해서 상대적으로 한 방향으로 움직이는 것처럼 보이겠지요.

코페르니쿠스 그러다가 지구가 태양 주위를 돌아서 방향을 바꾸면 어떻게 될까?

광자 알겠어요. 화성이 방향을 바꾸는 것처럼 보이겠군요. 구태여 주전원을 도입하지 않아도 명쾌하게 설명이 되네요.

코페르니쿠스 이건 일례고, 그 밖에도 프톨레마이오스가 다소 억지로 집어넣었던 많은 인위적인 부분들이 저절로 해결되었지.

광자 간단히 설명할 수 있다면 그 쪽이 진실이겠지요?

코페르니쿠스 대단히 중요한 점이야. 그런 걸 두고 오컴의 면도날(Ockham's razor)이라고 하지. 복잡하면 일단 뭐가 잘못된 게 아닌가 의심해보고 불필요한 건 과감하게 잘라낼 필요가 있어. 아직 프톨레마이오스 시대였던 1252년에 알폰소 10세라는 왕은 조물주가 이렇게 복잡한 우주를 만들려면 자기하고 미리 상의를 했어야 한다고 우스갯소리를 했다나.

티코 브라헤

광자 선생님이 돌아가신 이후에 어떻게 해서 지동설이 받아들여지게 되었나가 아주 흥미롭겠군요.

코페르니쿠스 생각하기에 따라서는 400년 이상이 걸렸다고 볼 수도 있지.

광자 아무리 그렇게 오래 걸렸을라구요.

코페르니쿠스 내가 죽은 뒤 지동설의 챔피언이었던 갈릴레오가 교황청의 파문에서 풀린 게 얼마 전 일이니까.

광자 정말 듣고 보니 그렇네요. 그 과정을 좀 말씀해주세요.

코페르니쿠스 이건 과학사라기보다 인류의 사상사에 관한 이야기지. 근대 천문학으로 넘어가는 과정에서 중요한 중개 역할을 한 사람이 덴마크의 티코 브라헤(Tycho Brahe, 1546–1601)야.

광자 3장에서 브라헤가 서양에서는 최초로 초신성 폭발의 기록을 남긴 사람이라고 들었어요.

코페르니쿠스 대단한 사람이었지. 티코가 아직 소년의 나이로 코펜하겐 대학에서 인문학 공부를 하고 있었던 1560년 8월 21일에 일식이 있었는데, 보통 사람에게는 그냥 신기한 일로 끝났겠지만 티코는 인간이 일식과 같은 사건을 예측할 수 있다는 사실에 큰 충격을 받았어. 그리고는 행성 관측에 많은 시간을 보냈는데 덴마크의 귀족이었던 그의 부모는 억지로 법률 공부를 시켰지. 그래도 티코는 몰래 행성 관측을 계속했대.

티코 브라헤

광자 그런 일은 옛날이나 지금이나 마찬가지군요.

코페르니쿠스 그런데 당시 유럽의 여러 나라들이 해상 진출에 경쟁을 벌이면서 항해 기술이 중시되었고, 따라서 정확한 나침반, 시계, 천문 관측이 필요하게 되었지. 그래서 마침내 티코는 자신이 원하는 천문학 공부를 하도록 허락을 받았어. 1572년에 뒤늦게 학업을 마친 티코에게 다시 한번 중요한 계기가 찾아왔지.

광자 이번에도 천체에 관한 일인가요?

코페르니쿠스 그래. 1572년 11월 11일 저녁에 티코는 카시오페이아자리 가까이에서 전에 본 적이 없는 밝은 별을 관찰했어. 금성보다도 밝은 이 별은 심지어는 한달 동안 대낮에도 육안으로 보일 정도였고 다음해 3월에야 사라졌지.

광자 그게 유명한 초신성 발견이군요. 그런데 그게 왜 그렇게 중요한 의미가 있나요?

코페르니쿠스 프톨레마이오스의 우주관을 나의 지동설로 대치하는 데 중요한 단서를 제공한 거지. 전에도 새로운 천체가 나타났다는 이야기들이 있어왔지만 그런 일들은 지구와 달 사이의 변화와 부패가 허용되는 불완전한 공간에서만 있을 수 있다고 생각했거든.

광자 그럼 혜성은 지구와 달 사이에만 있다고 생각했나요?

코페르니쿠스 그게 아리스토텔레스 식의 생각이었지. 그래서 티코의 발견이 발표되자, 유럽 천문학계의 관심은 이 별이 움직이는가 하는 것이었어.

광자 움직인다면 혜성으로 치부하면 되겠군요.

코페르니쿠스 그런데 이 별을 관찰할 수 있었던 세 달 동안에 별의 움직임은 전혀 관측되지 않은 거야. 다시 말해서 혜성이 아니라 다른 항성들과 마찬가지로 멀리 있는 별이라는 말이지. 그렇다면 완전한, 불변의 세계에 이변이 일어났다는 이야기니까 보통 일이 아니었지.

광자 지금은 과학에 어느 정도 관심이 있는 사람이라면 별도 태어나고 나이를 먹고 죽어간다는 사실을 다 알지요.

코페르니쿠스 인류 역사 마지막 100년 간의 지식의 발전은 참으로 놀라운 것이야. 어쨌든 브라헤가 관찰한 이변은 아리스토텔레스적 우주관에 한방을 먹인 셈이었지. 아무튼 티코는 정확한 천체 관측을 계속했고, 1576년에 덴마크 왕 프레더릭 2세는 코펜하겐에서 가까운 벤(Hven)이라는 섬을 내주었지. 티코는 왕실의 보조로 여기에 자신과 조수를 위한 두 개의 천문대뿐 아니라 호화로운 주거 시설, 화학 실험실, 시계, 해시계, 지구의, 식물원, 제지소, 인쇄소, 풍차, 수족관 등을 갖춘 꿈의 궁전을 차려놓고 마음껏 연구 활동을 했어.

광자 관광 명소가 되었겠군요.

코페르니쿠스 유럽의 모든 천문학자들의 동경의 대상이었지. 아예 천상의 성(Uraniborg)이라고 이름을 지었다니까. 무엇보다도 중요한 것은 망원경이 없던 당시에 육안으로 관찰할 수 있는 한도 내에서 가장 정밀한 천문 관측 자료를 많이 남겼다는 점이지. 과거의 모든 천문학적 자료들이 보다 정확한 값으로 개정되었다니까. 게다가 1577년에는 티코가 대혜성을 발견했는데 이 혜성은 타원 궤도를 그리는 것으로 밝혀졌어. 그 바람에 천상의 물체는 완전한 원 궤도를 따라 움직인다는 생각이 크게 흔들렸지.

광자 티코 브라헤는 지동설을 지지했나요?

코페르니쿠스 브라헤는 태양은 지구를 중심으로 돌고 이 태양을 중심으로 행성들이 돈다는 좀 어중간한 입장을 취했어.

광자 그 시대에는 그만하면 자기 몫을 한 셈이네요.

요하네스 케플러

코페르니쿠스 프레더릭 2세가 죽고 다음 왕이 지원을 중단하는 바람에 브라헤는 프라하로 떠나고 한때 유럽 천문학의 중심지였던 벤은 폐허가 되었지. 프라하에서 브라헤는 케플러(Johannes Kepler, 1571-1630)를 조수로 채용하는데, 이건 케플러를 위해서도 천문학을 위해서도 아주 다행한 일이었어.

광자 과학에서 두 사람의 만남이 중요한 계기가 되는 일이 여러 번 있었지요?

코페르니쿠스 그럼, 패러데이와 데이비, 보어와 러더퍼드, 허블과 헤일, 왓슨과 크릭 등 끝이 없지.

광자 브라헤는 벤 천문대에서 수집한 방대한 자료를 가지고 갔겠지요?

코페르니쿠스 아무렴. 케플러는 스승의 자료를 면밀히 검토하고 여러 가지 계산을 통해서 유명한 세 가지 법칙을 발견한 거지. 케플러는 좀 소심하고 내향적인 사람이었는데 남들이 손을 못 대는 어려운 문제에 매달리기를 좋아했어. 특히 그는 기하학에 심취해서 이 학문이 천지창조 이전부터 존재하며 신의 창조에 모형을 제공했다고 믿었다는군. 그러니 케플러의 법칙들이 기하학적으로 표현된 것은 우연이 아니야.

광자 케플러가 지동설의 확립에 중요한 이유는 뭔가요?

코페르니쿠스 나의 지동설은 사실 그다지 정확하지 못한 관측 자료에 기초를 두었고, 막상 정확한 관측을 한 브라헤는 지구중심설을 벗어나지 못했는데, 케플러는 브라헤의 정확한 자료를 바탕으로 지동설을 적극적으로 지지한 거지. 구체적으로는 브라헤가 혜성의 궤도가 타원인 것을 밝혔듯이 케플러의 1법칙의 내용은 모든 행성의 궤도는 타원이라는 것이야.

광자 브라헤의 경우는 하나의 혜성에 대해 이야기한 것이었지만, 케플러는 모든 행성의 궤도가 완전한 원형이 아니라 타원형이라는 것을 밝힌 것이었으니 충격이 훨씬 컸겠지요.

코페르니쿠스 사실 케플러는 처음에는 행성의 타원 궤도에 관한 자신의 1법칙에 대해 수치심을 느끼고 어떤 완전한 기하학적 모형으로 행성의 궤도를 설명하려고 노력을 많이 했어. 그렇지만 중심에는 역시 태양이 자리잡고 있었던 거지. 그뿐만 아니라 케플러는 행성이 태양에 가까울 때는 공전 속도가 빨라진다는 것도 밝혔어.

광자 가까우면 중력을 많이 받겠지요. 그런데 케플러의 법칙은 뉴턴의 중력 법칙보다 앞서지요?

코페르니쿠스 케플러의 법칙이 뉴턴의 중력 법칙이 나오는 데 밑거름이 되었던 거지.

광자 아무튼 아리스토텔레스적 완전한 등속 운동은 아니군요.

코페르니쿠스 흥미롭게도 케플러는 원이 아니라 타원이다, 등속 운동이 아니라 가속 운동이다라는 식으로 천상의 질서에 흠집을 내는 듯한 이야기만 한 것이 아니고, 공전 주기와 태양으로부터의 거리 사이에 규칙적인 관계가 있다는 것도 밝혔지.

광자 케플러는 선생님의 간단한 지동설에 살을 많이 붙였군요.

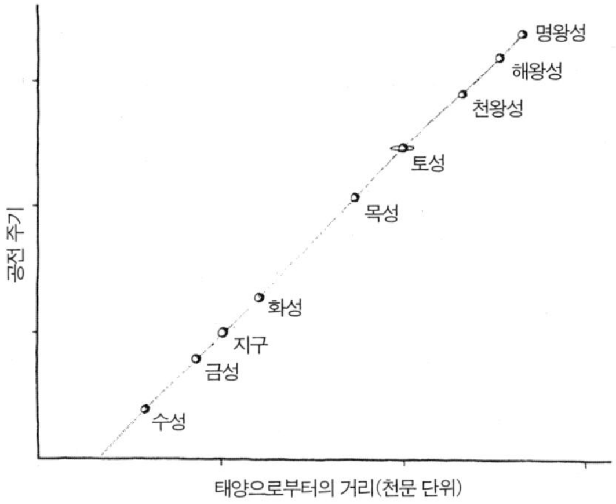

케플러가 발견한 공전 주기의 규칙성

코페르니쿠스 그렇게 해서 많은 관측 자료가 설명되는 바람에 지동설의 신빙성이 한층 더해졌지. 케플러는 죽을 때까지도 자신의 발견이 얼마나 중요한 의미가 있는지 깨닫지 못했지만 말이야.

갈릴레이 갈릴레오

광자 아까 갈릴레오(Galilei Galileo, 1564-1642)의 파문을 말씀하셨는데 다른 사람이 아니고 갈릴레오가 파문을 당한 이유는 뭔가요?

코페르니쿠스 갈릴레오야말로 아리스토텔레스와 로마 교황청에 최후의 일격을 가했기 때문이지. 그런데 그 전에 브루노(Bruno,

1548-1600)라는 이탈리아 사제가 지동설을 지지하다가 화형을 당한 일이 있었어.

광자 화형까지 당했다니 극심한 대립이 있었군요.

코페르니쿠스 브루노는 파리, 런던, 옥스퍼드 대학에서 신학과 철학, 천문학을 가르친 당대의 학자였는데, 성경은 도덕적 가르침으로 중요한 것이지 천문학을 가르치자는 것은 아니다라고 주장했거든. 교황청이 위기 의식을 느낀 거지.

광자 그런 일이 있었군요. 갈릴레오의 공헌은 어떤 의미에서 중요한가요?

코페르니쿠스 케플러 때까지만 해도 기껏해야 육안으로 관찰한 자료를 가지고 천체의 궤도에 관해서만 이야기했을 뿐인데, 갈릴레오는 처음으로 망원경을 가지고 천체 자체를 관찰했지.

광자 당시에는 그런 것까지 금지했나요?

코페르니쿠스 천체를 관측하거나 천체의 운동을 지배하는 법칙을 알려고 하는 것 자체도 금지했어.

광자 말도 안 돼요. 그러니 중국 기록에 나오는 1054년의 초신성 폭발 기록이 서양에는 전혀 없는 것도 무리가 아니군요.

코페르니쿠스 1597년에 케플러에게 보낸 서신에서 갈릴레오는 자신이 이미 수년 전에 지동설을 받아들이게 되었다고 말했지만, 좀더 증거가 필요하다고 생각하고 파두아 대학에 있는 동안 내내 프톨레마이오스의 천문학을 가르쳤어. 그러다가 1610년에 망원경으로 직접 천체를 관찰한 이후 지구가 움직인다는 것은 그에게는 움직일 수 없는 사실이 되었지. 그 해에 갈릴레오는 목성이 네 개의 위성을 거느리고 있다는 것을 발견했는데 이거야말로 모든 천체는 지구를 중심으로 회전한다는 입장에서는 도저히 용납할 수 없는 일이었지.

광자 목성의 위성은 지구를 중심으로 도는 것이 아니라 목성을 중심으로 돈다. 그것 참, 곤란하게 되었군요.

코페르니쿠스 어디 그뿐인가. 갈릴레오는 망원경으로 달의 표면을 관찰하고 그것이 완전한 천체가 아니라 울퉁불퉁하고 불완전투성이란 점을 지적한 거지. 게다가 태양에는 흑점이라는 흠집이 있었겠지.

광자 우리나라에도 달에 대한 동경을 나타내는 노래가 있는데 아폴로 11호가 달에 착륙해서 보내온 사진을 보고 실망을 많이 했지요. 분화구와 소혹성 충돌 자국이 무수히 있었으니까요.

코페르니쿠스 갈릴레오의 또다른 중요한 발견은 은하수가 그냥 뿌연 물질이 아니라 수많은 별들로 이루어졌다는 사실을 밝힌 거야.

광자 우주 구조의 이해에 대한 중요한 한 걸음이군요. 그런데 처음부터 교황청과 대립했나요?

코페르니쿠스 1610년의 중요한 발견들이 발표되자, 갈릴레오는 투스카니 공작의 개인적인 초청을 받아 파두아 대학 교수직을 사임했지. 사방에서 격려가 쇄도했고 심지어는 1611년에는 로마에 초청되어 교황을 알현

갈릴레오(Galilei Galileo)

하고 망원경을 설명해드리기도 했어. 그러고 나서도 수년 동안은 아무 제한 없이 자신의 관찰 사실과 관점을 이야기할 수 있었지.

광자 그러다가 상황이 바뀌었군요?

코페르니쿠스 1613년부터 두 입장이 양립할 수 없다는 것이 점차 확실해졌지. 갈릴레오를 질시한 대학 교수들도 많았고. 1615년에 갈릴레오는 지동설을 부인하거나 아니면 성서와 지동설이 조화될 수 있다는 것을 증명하든지 양자택일을 요구받았지.

광자 좀 억지 같은 요구인데요.

코페르니쿠스 갈릴레오는 신은 진리를 성서와 자연의 두 가지 다른 방식으로 인간에게 보여준다고 답변했어.

광자 제가 보기에는 타당한 답변 같군요.

코페르니쿠스 거기에 대해서 1616년에 교황청의 추기경은 나의 지동설은 허위이며 오류라고 단죄하고 내 서적을 금하는 것은 물론 갈릴레오에게도 지동설을 지지하는 것을 금지했지.

광자 갈릴레오도 쉽사리 물러서지는 않았겠지요?

코페르니쿠스 1624년에 갈릴레오는 새로 교황이 된 그의 친구 우르반 8세에게서 '여러 가지 세계관에 관하여' 글을 써도 좋다는 허락을 받아냈지. 플로렌스로 돌아온 갈릴레오는 몇 년 동안 전력을 기울여서 1632년 2월에 『두 가지 세계관의 대화(Dialogo Dei Due Massimi Systemi del Mondo; Dialogue Concerning the Two Chief World Systems)』를 출간했어. 그런데 그 사이에 우르반 8세와의 사이가 벌어져서 1633년에는 33년 전에 브루노가 강요당했던 것과 똑같은 선택을 강요당했지.

광자 갈릴레오는 목숨을 택했군요.

코페르니쿠스 그 대가로 자신의 과오와 이단을 저주하는 장문의 반성문을 낭독해야 했지.

광자 돌아서 나오면서 "그래도 지구는 돈다"라고 했다는 말은 유명하지요.

코페르니쿠스 갈릴레오에게 약속을 지키게 하기 위해서 교황청은 고문 도구를 보여주었다네. 갈릴레오는 가택 연금을 당한 상태에서 그의 마지막이자 가장 중요한 업적인 『두 새로운 과학에 대하여(Two New Sciences)』를 집필했지. 이 원고는 프랑스로 밀반출해서 출판되었는데 갈릴레오는 자신의 저서를 받아보기 전에 눈이 멀어버렸어.

광자 참으로 처절한 투쟁이었군요.

코페르니쿠스 『두 가지 세계관의 대화』는 1757년에야 금서 목록에서 해제되었고, 1992년 10월 31일에 교황 요한 바오로 2세는 "갈릴레오를 정죄한 신학자들은 성서 자체와 성서의 해석에 관한 차이를 인식하지 못했다"고 교회의 과오를 인정하며 갈릴레오의 파문을 해제했지.

광자 359년 만의 명예회복이군요. 너무나 엄청난 생각의 변화이니 만큼 오랜 세월이 걸린 것도 이해는 가네요. 어쨌든 뒤늦게나마 과오를 인정한 교황의 용기도 대단하구요. 거의 2천 년의 세월에 걸쳐서 인간이 천체에 관해 진실을 알게 된 과정이 정말 흥미로웠습니다. 감사합니다.

12장

모든 운동은 간단한 법칙으로 설명할 수 있다

"나는 내가 세상 사람들에게는 어떻게 보이는지 모르겠으나,
나 스스로는 한편에는 진리의 대양이 비밀을 간직한 채 놓여 있는데
그 옆의 해변에서 놀면서 가끔 다른 것보다 더 매끈한 조약돌이나
예쁜 조개를 찾는 어린아이로밖에는 생각되지 않는다."

—뉴턴

항성과 우주의 크기

광자 뉴턴 선생님, 앞장에서 코페르니쿠스 선생님으로부터 지동설이 확립된 과정을 배웠어요. 그 중요한 결과의 하나로 선생님의 만유인력의 법칙이 나오게 되었다고 들었는데요.

뉴턴 지동설에 따라 지구의 위치가 우주의 중심에서 밀려남에 따라 다른 두 가지 면에서 중요한 변화가 있게 되었지. 첫째로, 우주의 크기에 대한 생각이 바뀌었어.

광자 중심에 지구가 있거나 태양이 있거나 우주의 크기와는 상관이 없는 게 아닌가요?

뉴턴 그게 그렇지가 않아. 내 말을 들어봐. 밤하늘의 별들이 상대적인 위치가 항상 일정하기 때문에 항성(恒星, fixed star)이라고 불리는 것은 알고 있겠지.

광자 그렇지 않다면 별자리라는 것이 의미가 없겠지요.

뉴턴 그래. 실제로 별들이나 은하계들은 아주 빠른 속도로 움직이고 있거든. 그러나 워낙 지구로부터 멀리 떨어져 있고 별들 사이의 거리가 멀기 때문에 우리가 관찰하는 시간 범위 내에서는 항성들의 상대적인 위치는 바뀌지 않는 것처럼 보이지. 그런데 천동설에서는 우주의 크기를 어떻게 생각했을까?

광자 글쎄요. 모든 항성들이 행성 밖의 여덟 번째 구에 들어 있는 것으로 생각했다니까 우리가 지금 알고 있는 것처럼 광대한 것으로 생각하지는 않았겠지요?

뉴턴 모든 항성들이 지구로부터 같은 거리에 있다면 우주의 크기도 어느 정도로 제한되겠지. 그런데 지구가 태양을 중심으로 원운동을 하고, 항성들도 어느 정도의 거리에서 비슷한 원 운동을 하고 있다면 지구에서 볼 때 별들의 상대적인 위치는 어떻게 될까?

광자 지구의 위치에 따라 별들의 위치가 바뀌겠지요. 그러니까 항성들의 위치가 일정하다는 것은 이들이 지구로부터 엄청나게 먼 거리에 있다는 것을 의미한다, 그런 말씀이군요.

뉴턴 지동설의 결과로 심지어는 우주의 크기는 무한하다는 생각까지 나오게 되었지.

광자 커다란 변화로군요. 그 다음에는요?

갈릴레오와 물체의 운동

뉴턴 둘째로 지동설은 만유인력의 법칙으로 이어지게 되었어. 이미 들어 알고 있겠지만, 그리스의 철학자 아리스토텔레스는 지구는 우주의 중심이며 모든 물체가 낙하하는 것은 가장 자연스러운 위치인 우주의 중심을 찾아가기 때문이라고 생각했지. 그런데 지동설에서는 지구가 우주의 중심이 아니기 때문에 새로운 설명이 필요하게 되었고, 결국 모든 물체 사이에는 끄는 힘이 작용한다고 하는 만유인력의 법칙이 나오게 된 거야.

광자 떨어지는 사과로부터 충돌하는 은하계까지 공통적으로 적용되는 자연의 힘 말씀이군요.

뉴턴 사실 물체의 운동에 관한 법칙은 오래 전부터 관심의 대상이었어. 아리스토텔레스는 왜 물체는 운동을 계속하는가 하는 각도에서 이 문제를 다루었으나, 갈릴레오는 왜 물체는 운동을 중단하는가 하는 문제로 관점을 바꾸었지.

광자 같은 문제를 놓고도 그런 관점의 차이가 있을 수 있군요.

뉴턴 굴러가는 축구공을 놓고 그 차이를 생각해볼까? 아리스토텔레스의 질문은 한번 걷어찬 축구공은 계속 힘을 가해주지도 않는데 왜 계속 굴러가는가 하는 입장이고, 갈릴레오는 점점 힘이 약해져서 공이 멈추어 서는 것은 마찰이라는 힘이 작용했기 때문이다, 마찰이 없다면 공은 영구히 굴러갈 것이다라는 입장이었지.

광자 10장에서는 갈릴레오를 망원경과 연관지어서만 생각했는데

역학에 관해서도 많은 탐구를 한 모양이군요.

뉴턴 갈릴레오는 자연의 연구에 측정의 중요성을 도입해서 자연과학에 일대 혁명을 가져오는 데 중추적인 역할을 했어. 갈릴레오는 추의 진동은 질량에 관계없이 일정한 주기가 있다는 것을 알아냈고, 유명한 피사의 사탑 실험을 통해서 물체의 자유낙하 속도는 질량에 관계없이 똑같음을 증명했지.

광자 어느 책에서 갈릴레오가 미사 시간에 성당 천정에 걸린 등이 흔들리는 주기를 맥박을 시계로 해서 측정했다는 이야기를 읽은 적이 있어요. 그런데 저는 그 사탑 실험 이야기는 잘 믿어지지 않았어요. 아무래도 물체의 부피가 다르면 부력의 영향이 있었을 테니까요.

뉴턴 1킬로그램짜리 납덩어리와 나무토막을 생각해보면 부력의 차이는 0.1퍼센트도 안 되지. 어차피 떨어지는 데 걸리는 시간을 당시 기술로 0.1퍼센트 오차 이내에서 측정하는 것은 아니었으니까.

광자 문제는 떨어지는 데 걸리는 시간 차이가 측정 오차보다 클 것인가이군요. 직관적으로는 납덩어리와 나무토막이 떨어지는 데 걸리는 시간의 차이는 상당할 것으로 생각되지 않아요? 어린아이에게 물어보면 납덩어리가 훨씬 더 빨리 떨어질 거라고 대답하겠지요. 그런데 한번은 진공 상태에서 나뭇조각과 깃털이 같이 떨어지는 것을 보여주는 비디오를 보았는데 아주 실감이 나더군요.

뉴턴 요즘 학생들은 시청각 자료가 많아서 공부하기에 아주 좋지.

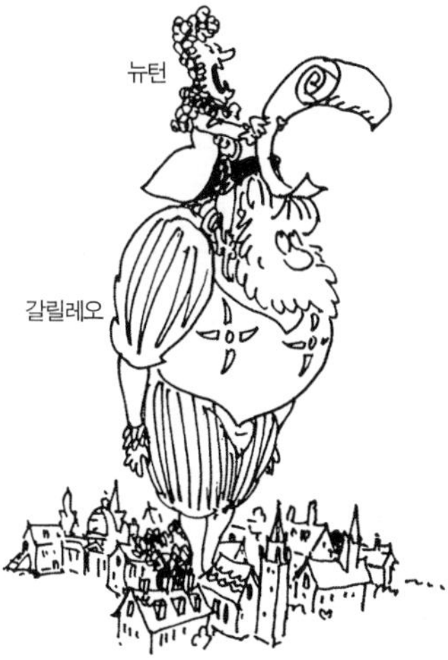

갈릴레오와 뉴턴

하기야 상상력이 부족해지는 흠도 있지만. 갈릴레오는 또 자유 낙하 실험을 변형해서 가속도의 크기를 측정했지. 즉 경사면에서 굴러내리는 물체의 움직인 거리를 시간별로 측정해서 물체의 속도가 일정한 비율로 증가하는 것과 이로부터 일정한 가속도가 작용하는 것을 알아냈어.

광자 역학의 기초는 갈릴레오가 닦아놓은 셈이군요.

뉴턴 그렇다고 볼 수 있지. 나는 고전 역학이라는 넓은 영역을 발견했지만 그것은 전적으로 갈릴레오와 같은 거인의 어깨에 올라서서 멀리 내다볼 수 있었기 때문이야(If I have been able to see so far, it is because I have stood on the shoulders of giants).

풍차와 물레방아

광자 선생님의 어린 시절은 어땠나요?

뉴턴 불행한 어린 시절을 보냈지. 나는 갈릴레오가 죽은 다음해인 1642년에 태어났는데, 몇 주나 빨리 미숙아로 태어나서 주위에서는 오래 살지 못할 거라고 애처로워할 정도였어. 아버지는 내가 태어나기 석 달 전에 돌아가셨고 어머니가 커다란 농장을 물려받았지.

광자 그 유명한 사과나무도 그 농장에 있었나요?

뉴턴 내가 태어나던 해에 2층집 옆에 정원을 만들었는데 거기에 그 사과나무를 심었다더군.

광자 뉴턴과 뉴턴을 유명하게 만든 사과나무가 함께 세상에 태어났군요.

뉴턴 내가 세 살을 넘겼을 때 어머니가 이웃 동네의 목사님과 재혼해서 나는 농장에서 외할머니 손에 외롭게 자랐지. 내가 열 살 때 목사님이 돌아가셔서 어머니가 돌아올 때까지 나는 어머니를 원망하며 지냈어.

광자 선생님은 어릴 때부터 수학이나 과학을 좋아하셨나요?

뉴턴 솔직히 소년 시절에는 수학이나 과학 성적은 별로였고 오히려 모형을 만드는 걸 좋아해서 해시계나 물시계 따위를 만드는 데 재주를 발휘했어. 나는 특히 바람이나 물이 흐르면서 풍차나 물레방아를 돌리는 것을 보고 신기해하고는 했지.

광자 힘의 문제를 많이 생각하셨겠군요.

뉴턴 아마 그랬을 테지.

가장 창조적인 18개월

광자 케임브리지 대학을 다니셨지요?

뉴턴 18세에 케임브리지 대학에 들어가서 1665년에 졸업을 했는데, 대학에서 무얼 배웠는지는 별로 기억이 없고 나 혼자 틈틈이 이 궁리 저 궁리 많이 했지. 그런데 졸업하기 전 해부터 런던 지역에 엄청난 전염병이 돌아서 1665년 한 해에만 6만 8천 명이나 죽었어. 대학이 문을 닫아서 할 수 없이 고향에 돌아와서 1667년 봄에 대학이 다시 문을 열 때까지 18개월을 따분하게 보냈지.

광자 그 기간이 과학의 역사상 가장 창조적인 18개월이었다고 하던데요.

뉴턴 할 일도 없고 해서 대학 때 적어두었던 노트를 뒤적이며 광학, 역학, 천문학, 미적분학 등 분야에서 남들이 안 한 일을 좀 했지.

광자 사과에 관한 일화도 그 기간에 있었던 일인가요?

뉴턴 1666년 5월 16일이었지. 그날 정원의 벤치에 앉아서 어떤 물리학적 법칙을 가지고 달이 지구의 주위를 도는 이유를 설명할 수 있을까 생각하고 있었는데, 사과가 하나 뚝 떨어지겠지. 그래서 사과나무를 올려다보니까 마침 나뭇가지 사이로 반달이 보이지 않겠어. 그때 문득 사과가 땅으로 떨어지는 것과 마찬가지로 달도 지구로 떨어지는 게 아닌가 하는 생각이 들었지.

광자 다시 말해서 지구가 사과에 미치는 힘이 달에까지 미치지 않나 하는 의문을 품었다는 말씀이지요?

뉴턴 바로 그거야.

광자 그렇다면 사과가 땅으로 떨어지듯이 달도 지구로 떨어져야 되는 게 아닌가요?

뉴턴 그게 그때 내가 깨달은 두 번째 중요한 점이야. 지구가 끌어당기는 힘이 없다면 달은 궤도를 벗어나 지구로부터 달아나버릴 것이라는 거지.

광자 관성과 중력 작용이 합해져서 달이 궤도를 이탈하지도 않고 지구로 떨어지지도 않는다는 말씀이군요.

뉴턴 그래. 지구와 달의 질량, 지구와 달 사이의 거리로부터 어떤 물체에 작용하는 인력은 지구의 중심으로부터 거리의 제곱에 반비례한다는 법칙이 나온 거지.

광자 혹시 그 법칙을 연구하다가 미적분학이 탄생한 건 아닌가요? 예를 들어서 나무에 매달린 사과에 미치는 힘은 지구의 여러 부분들이 미치는 힘의 합일 텐데 간단히 지구 중심에서부터의 거리라고 하신 것을 보면 적분의 개념이 들어 있다는 생각이 들거든요.

뉴턴 정확한 지적이야. 지구의 여러 부분들이 미치는 힘의 합이 마치 지구의 전체 질량이 지구 중심에 모여 있다고 생각할 때 미치는 힘과 같다는 것을 증명하기 위해서는 미적분학이 필요하지.

광자 그러니까 선생님은 필요한 수학을 만들어가면서 물리학을 발전시키셨군요.

뉴턴 필요는 발명의 어머니라는 말도 있지 않나.

뉴턴의 운동 법칙

광자 선생님의 힘의 법칙은 역학의 기초인데요, 그 법칙들도 이 18개월 동안 발견하셨나요?

뉴턴 그랬지.

광자 중요한 법칙이니까 한번 짚고 넘어갔으면 하는데요.

● 관성의 법칙

뉴턴 제1법칙은 "정지하고 있는 물체는 외부에서 힘이 가해지지 않는 한 정지 상태를 유지하고, 일정한 속도로 직선 운동을 하는 물체는 외부에서 힘이 가해지지 않는 한 같은 속도로 직선 운동을 계속한다"라고 요약할 수 있는데, 갈릴레오가 이미 생각했던 관성(慣性)의 문제를 정리한 것이지.

광자 사람의 경우에는 타성(惰性)이라고 하지요. 그런데 아까 아리스토텔레스와 갈릴레오의 관점의 차이를 말씀하셨지만, 왜 물체는 관성을 가질까요? 저는 아리스토텔레스의 관점에 공감

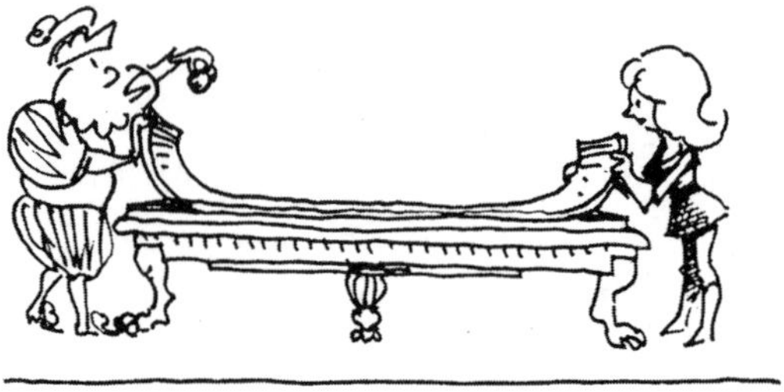

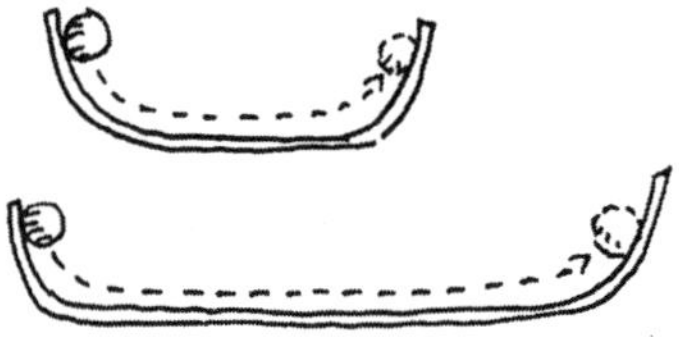

마찰이 없는 비닐 장판지를 휘어놓고 매끈한 공을 굴리면 그림과 같은 일이 일어날 것이다. 장판지의 길이가 무한하고 외부에서 작용하는 힘이 없다면 직선 운동을 계속할 것이다.

이 가는데요?

뉴턴 계속 힘을 가해주어야 운동을 계속할 것 같다는 말이지? 마찰이 없는 비닐 장판지를 휘어놓고 매끈한 공을 굴리면 어떻게 될까?

광자 공이 굴러가다가 반대쪽에서 처음의 높이만큼 올라가서 다시 굴러 내려오고, 이런 식의 운동을 영원히 계속하겠지요.

뉴턴 만일 장판지의 길이가 무한하다면?

광자 올라갈 데가 없으니까 영원히 굴러가겠군요. 그것 참, 꼼짝 못하겠는데요. 제2법칙은요?

● 힘의 법칙

뉴턴 f=ma로 요약되는 법칙인데, "가속도는 가해준 힘에 비례한다"라고 말하면 되겠지.

광자 그럼 물체의 질량은 비례 상수가 되는군요.

뉴턴 그렇지. 일정한 크기의 가속도를 내기 위해서는 질량이 클수록 그만큼 더 큰 힘이 필요하니까.

광자 트럭은 모터 사이클보다 엔진이 커야 한다는 말이지요?

뉴턴 다르게 이야기하면 같은 힘을 가했을 때 질량이 큰 물체일수록 작은 가속도를 받는다고 할 수 있겠지.

광자 모터 사이클과 트럭이 정면 충돌하면 모터 사이클이 붕 뜬다는 이야기지요? 그리고 힘이 제로면 가속도도 제로니까 관성의 법칙이 되는군요. 그러고 보니 질량은 물체의 고유한 중요한 양이군요. 질량과 무게의 차이는 뭐지요?

뉴턴 무게는 f=ma에 의해서 그 물체가 받는 힘이지. 지상에서는 a는 중력가속도 g에 해당하지만 달 표면에서의 중력가속도는 지구의 6분의 1밖에 안 되거든. 그래서 아폴로 11호를 타고 가서 인류 역사상 처음으로 달 표면에 내린 닐 암스트롱의 질량은 그대로지만 체중은 6분의 1로 줄었지.

광자 그게 1969년 7월 21일이었다지요? 요즘엔 우주 유영(遊泳)을 하는 장면도 뉴스에 나올 정도로 익숙해졌어요. 저도 우주 유영을 하면서 푸른 행성 지구를 바라보는 게 일생의 꿈이에요.

뉴턴 자연과학도다운 꿈을 가졌군.

광자 제2법칙은 아주 실용적인 법칙이라고 하던데요?

뉴턴 내 자랑 같아서 쑥스럽지만 f=ma는 인간이 제일 많이 사용해온 공식이 아닐까? 예를 들면 중국에서 유럽으로 폭약 기술이 이전되고 대포가 발명되면서 전쟁의 양상이 아주 달라졌는데

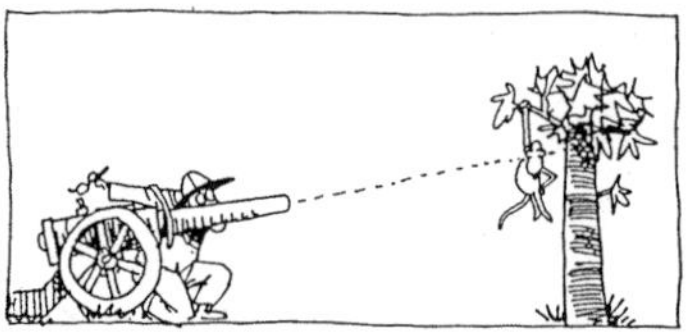

1. 포수가 나무에 매달린 원숭이를 똑바로 겨냥하고 있다.

2. 똑똑한 척하는 원숭이는 포수가 발사하는 순간 손을 놓는다.

3. 멍청한 원숭이는 낙하 운동과 수평 운동이 독립적으로 일어나는 것을 모른다. 그러난 현명한 독자는 원숭이는 탄환에 맞게 되어 있다는 사실을 잘 알 것이다.

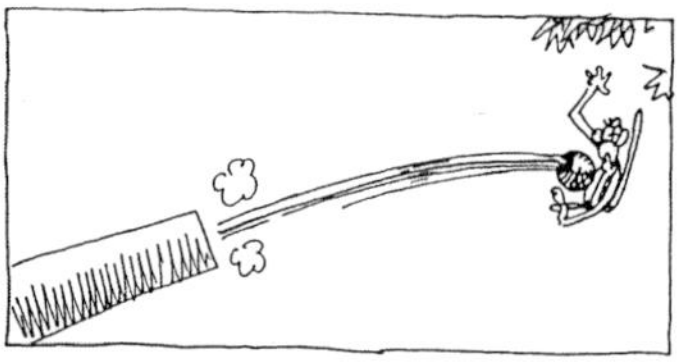

4. 탄환이 빨리 날아간다면 원숭이나 탄환이나 약간 떨어지다가 맞을 테고, 탄환이 느리다면 더 많이 떨어지겠지만, 아무튼 둘이 낙하한 거리는 똑같다.

이때 탄도를 계산하는 일이 중요해졌어. 광자 생각에는 날아가는 대포알에는 어떤 힘이 작용할 것 같은가?

광자 적진 방향으로는 대포의 추진력이 작용할 테고 거기에 수직 방향으로 중력이 작용하겠지요. 물론 중력이나 공기의 마찰이 없다면 포탄은 관성의 법칙에 따라 영원히 초기 방향으로 직선 운동을 할 테구요.

뉴턴 중력을 이용해서 포탄을 적진에 떨어뜨리는 게 승리의 관건이었지. 그러자니 추진력과 중력, 적진의 거리 등을 고려에 넣은 계산이 필요한 거고.

● 작용-반작용의 법칙

광자 제3법칙이 남았는데요.

뉴턴 "모든 작용에 대해서는 크기가 같고 방향이 반대인 반작용이 있다"라고 하는 소위 작용-반작용의 법칙이지.

광자 우리가 어떤 물체에 힘을 미친다면 그게 작용이겠지요? 그런데 작용만 있으면 되지 왜 반작용이라는 게 있나 모르겠어요.

뉴턴 과학은 있는 사실을 밝히는 게 우선이지. 아무튼 반작용이 있는 게 천만다행이야. 지금 당장 반작용이 없어진다고 해봐. 아무리 힘을 주어 땅을 밟아도 제자리에서 꿈쩍도 하지 않을 거야.

광자 작용 반작용은 접촉을 통해서 나타나는군요.

뉴턴 아니, 그렇지도 않아. 지구와 달같이 먼 거리에서 빈 공간을 통해서도 일어나지.

작용-반작용의 법칙

광자 아니, 그게 무슨 말씀이세요?

뉴턴 지구가 끌어당기는 힘이 달에 작용한다는 것은 위에서 이야기했지. 그럼 달은 지구를 끌어당기지 않을까?

광자 달도 똑같은 크기의 힘으로 지구를 당기니까 반작용이라고 볼 수 있겠군요.

뉴턴 반작용을 이해하는 데는 위에서 이야기한 우주 유영의 경우가 도움이 되지.

광자 어떻게요?

뉴턴 만일 두 사람이 우주 공간에서 우주선을 수리하다가 실수로 한 사람이 다른 사람을 살짝 밀었다고 해봐. 어떤 일이 일어날까?

광자 중력도 마찰도 거의 없는 공간이니까 관성에 의해 힘을 받은 방향으로 영원히 운동을 계속할 운명이군요.

뉴턴 그럼 어떻게 하면 다시 우주선으로 돌아올 수 있을까?

광자 무슨 말씀을 하시려는지 알았어요. 반작용을 이용해야 한다는 말이지요? 그러니까 가지고 있던 연장을 우주선 반대 방향으로 던지면 되겠지요.

뉴턴 우주선과 우주복을 묶어놓은 줄을 당기는 게 우주 쓰레기를 줄이는 방안이겠지.

만유인력의 법칙

광자 그런데 알고 보면 간단한 뉴턴 법칙이 고전 물리학의 기초가 된 이유는 뭔가요?

뉴턴 중요한 건 생각하는 새로운 방식의 도입이지. 우리 주위의 운동을 생각해봐. 자, 광자가 운전하는 차가 직진을 하고 있는데 옆골목에서 술에 취한 친구가 정지 신호를 무시하고 달려오다가 광자 차의 옆구리를 들이받았다고 해. 두 차 모두 옆으로 튕겨나가다가 옆차를 받아 빙그르 돌고 차체는 찌그러지고 정신없겠지. 사실 이 정도는 간단한 경우이지만 아무튼 복잡한 역학계를 어떻게 서술해야 좋을지는 간단한 문제가 아니거든.

광자 제아무리 복잡한 경우라도 지금까지 이야기한 간단한 운동 법칙을 적용해서 해결할 수 있다고 하는 것은 문제를 분석하는 데 큰 도움을 주겠군요.

뉴턴 태양을 중심으로 아홉 개의 행성이 어떤 것은 몇 개씩의 위성을 거느리고서 돌고 있는 시스템을 이런 운동 법칙이 없이 서술한다는 것은 전혀 가망이 없는 일이지. 케플러의 법칙은 관찰된 행성의 궤도를 간단히 요약했을 뿐이지, 왜 그런 궤도를 그리는지를 설명한 것은 아니었거든.

광자 이제는 태양계의 모든 운동을 뉴턴의 방정식과 만유인력의 법칙을 적용해서 서술할 수 있지요.

뉴턴 요즘도 목성같이 멀리 있는 행성에 탐사선을 보낼 때나 어떤 혜성의 궤도를 계산하는 데 똑같은 원리가 이용되더군.

광자 만유인력의 법칙은 “질량이 각각 M, m인 두 물체 사이의 인력은 M과 m의 곱에 비례하고, 거리 r의 제곱에 반비례한다”로 표시할 수 있을 텐데, 저는 선생님이 지구와 달 사이의 인력으로부터 어떻게 그런 관계를 유도하셨나가 궁금해요. 그 당시에 지구와 달의 질량, 지구와 달 사이의 거리 등이 어느 정도 알려져 있었나요?

뉴턴 믿어지지 않겠지만 그런 값들이 비교적 잘 알려져 있었어. 예를 들면 지구의 반지름은 기원전 3세기에 살았던 에라토스테네스가 지금 알려진 값의 2퍼센트 오차 이내에서 측정했지.

광자 그런 값들로부터 달에 작용하는 중력의 크기를 계산하셨나요?

뉴턴 지구의 중심 방향으로 계속 자유 낙하하는 달의 운동을 고려

지구는 달을 끌어당기고 달은 지구를 끌어당기고, 그리고 당신은 나를 끌어당긴다오.

그렇긴 하지만 질량이 당신이나 나 정도라면 인력은 아주 작을걸요.

(잔뜩 먹고 나서) 어때 인력이 좀 늘었지?

근소하게……

	상대적 크기	미치는 범위
강한 핵력	100	10^{-15} 미터
전자기력	1	무한
약한 핵력	10^{-11}	10^{-18}미터
중력	10^{-38}	무한

자연계 4가지 힘의 상대적 크기

해서 달에 작용하는 중력가속도를 계산했더니 0.27cm/s^2가 얻어졌어. 지구 표면에서 사과가 지구의 중심 방향으로 떨어질 때 작용하는 가속도 981cm/s^2는 갈릴레오 때부터 알려진 값이니까 달에 작용하는 중력가속도는 지구 표면에서보다 3,630배나 작다는 것을 알게 된 거지.

광자 지구 표면의 사과로부터 지구의 중심까지의 거리는 지구의 반지름인 6,371킬로미터일 텐데, 지구로부터 달까지의 거리도 알고 있었나요?

뉴턴 약 384,400킬로미터로 이미 알려져 있었어.

광자 잠깐만이요. 그러니까 달은 사과보다 지구 중심으로부터 약 60배나 더 먼 거리에 있는 셈이네요. 그런데 중력가속도는 3,630분의 1이다. 그래서 선생님은 두 물체 사이의 거리와 작용하는 인력의 크기는 반비례 관계에 있다고 결론을 내릴 수 있었군요.

뉴턴 그 후로 많은 사람들이 다른 방법으로 확인해주었지.

광자 만유인력의 크기는 물체 사이의 거리가 아무리 멀어져도 제로

가 되지는 않지요?

뉴턴 은하계 사이에서와 같이 거리가 아주 멀어도 M과 m이 또한 크면 큰 인력이 작용하지. 그래서 은하계끼리도 끌어당기고 충돌하고 한다구.

프린키피아

광자 1667년에 다시 케임브리지 대학으로 돌아가셨나요?

뉴턴 그랬지. 그리고 바로 다음해에 내 지도교수였던 배로우가 불과 스물다섯인 나에게 권위있는 루카스 교수직(Lucasian Professorship)을 물려주기 위해서 그 직을 사임했어.

광자 요즈음에는 『시간의 역사』로 유명한 호킹이 차지하고 있는 자리이지요? 아무튼 사람을 알아보고 키워주는 풍토가 부럽군요.

뉴턴 고마운 분이었지.

광자 케임브리지로 돌아가서는 곧 중요한 논문들을 발표하셨겠군요.

뉴턴 그때는 요즘같이 '발표하든지 사라지든지(publish or perish)' 식의 풍조는 없었어. 여유있는 분위기랄까. 아무튼 1684년까지 나는 그 18개월 동안에 한 중요한 일들을 하나도 발표를 안 했어.

광자 좀 심하셨군요.

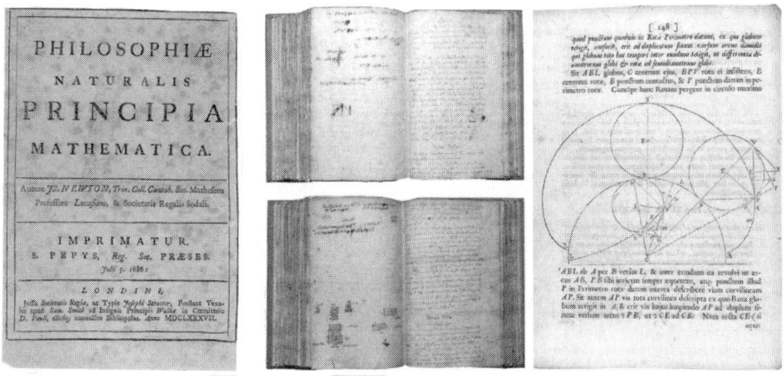

프린키피아

뉴턴 그런가? 좀더 좋은 관측 자료를 가지고 더 확인을 해야 한다고 생각했던 면도 있지. 그러다가 1684년에 천문학자 친구인 핼리(Edmund Halley, 1656–1742)에게 천체 운동과 타원 궤도에 관한 계산을 설명해줄 기회가 있었어. 그랬더니 이 친구가 펄쩍 뛰면서 당장에 발표를 해야 한다는 거야.

광자 당연히 그래야죠.

뉴턴 그런데 갑자기 거의 20년 전의 노트를 찾을 수 있어야지.

광자 선생님도 참, 그런 중요한 자료는 잘 챙기셔야지요.

뉴턴 내가 너무 겸손했나 아니면 게을렀나?

광자 둘 다인 것 같군요.

뉴턴 아무튼 핼리가 쫓아다니면서 자금도 구하고 인쇄소도 알아보고 해서 1687년에 『자연철학의 수학적 원리(Principia Mathematica Philosophia Naturalis)』라는 제목으로 출판되었지.

광자 간단히 『프린키피아』로 불리는 그 저서는 과학사상 가장 중요한 업적으로 꼽힌다더군요.

뉴턴 나는 그 책의 1부에서 물체가 빈 공간에서 운동하는 역학을 다루었고, 2부에서는 저항이 있는 경우의 운동을, 3부에서는 1,2부에서 발전시킨 원리들을 사용해서 태양계 전체의 구조와 행성의 운동을 다루었어. 라틴어로 쓰여진 이 책은 내가 죽은 후에야 영어로 번역되었지.

핼리 혜성

광자 좋은 친구를 두셨군요. 핼리 하면 핼리 혜성을 생각하게 되는데 그건 근대 과학이 성립되어가는 과정에서 많은 사람들이 호기심을 가지고 지켜본 일대 사건이었다지요?

뉴턴 결과적으로 만유인력의 법칙뿐만 아니라 자연의 규칙성에 대해 전반적으로 신뢰를 가지게 해주었지.

광자 혜성이 유독 다른 의미가 있나요?

뉴턴 모든 행성의 타원 운동이 잘 알려진 후에도 행성과는 전혀 다른 궤도를 가진 혜성은 계속 신비로운 존재로 남아 있었어. 핼리 혜성은 기원전 239년에 관찰된 기록이 있고 그 후 1066년, 1145년, 1222년, 1301년, 1378년, 1456년, 1531년, 1607년, 그리고 1682년에도 관찰되었지. 물론 혜성의 숫자가 많기 때문에(지금은 약 750개의 혜성이 알려져 있다) 오랫동안 이들이 같

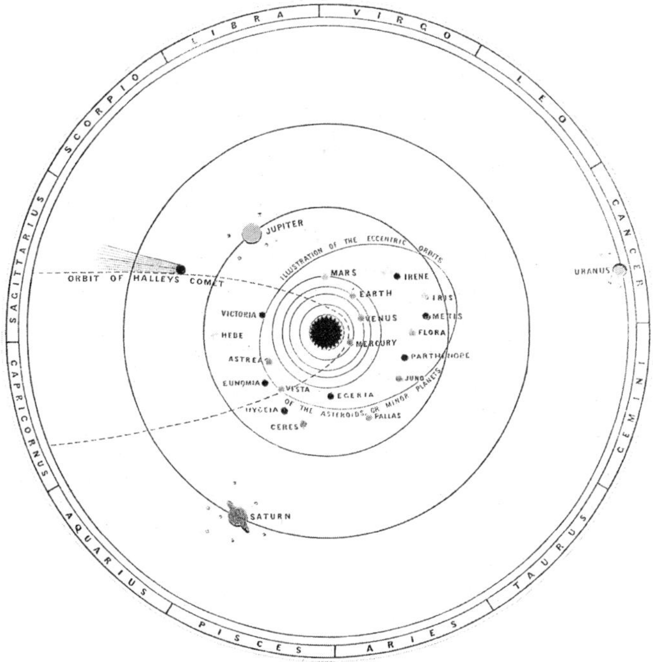

1835년 당시 알려진 태양계의 모습. 토성 밖의 천왕성(Uranus)이 알려져 있고, 핼리 혜성이 천왕성 바깥쪽에서부터 타원 궤도를 그리며 태양으로 접근하는 것을 당시 천문학자들이 알고 있었음을 보여준다.

은 혜성을 관찰한 것인 줄은 몰랐고.

광자 그렇다면 이렇게 약 77년 주기로 찾아온 혜성이 같은 혜성인 것을 어떻게 알게 되었을까요?

뉴턴 그 과정이 아주 흥미진진해. 사실 나도 『프린키피아』에서 혜성의 문제를 많이 다루었는데, 예를 들면 어떤 혜성은 아주 긴 타원형 궤도를 가지며 주기적으로 태양에 접근할 때에만 관찰될 수 있으리라고 주장했지. 이를 증명하기 위하여 1705년에, 나를 적극적으로 지지했던 핼리가 과거 기록에 남아 있는 혜

1835년에 핼리 혜성을 관찰하는 모습

성들을 조사해서 1682년에 발견된 혜성의 궤도가 1607년과 1531년에 발견된 혜성의 궤도와 유사한 것을 알아냈어. 그리고는 이 혜성이 1758년 말이나 1759년 초에 다시 지구를 방문할 것이라고 예측했지.

광자 그건 핼리가 100세가 넘는 해니까 핼리는 살아서 자신의 예측을 확인할 수 있으리라고는 생각하지 못했겠지요?

뉴턴 사람의 수명이라는 게 이럴 때는 참 얄궂은 거지. 그런데 유럽 대륙에서 나를 지지했던 프랑스의 클레로(Clairaut)는 긴 계산을 통해서 1759년 3월에서 5월 사이에 이 혜성이 나타날 것이라고 보다 정확하게 예상을 했지.

광자 이 예상이 과연 맞을 것인가에 관심이 집중되었겠군요. 어떤

1986년에 다시 나타난 핼리 혜성

의미에서는 뉴턴 역학의 테스트 케이스가 아니겠어요?

뉴턴 그렇지. 핼리가 죽은 지 17년 후 1759년, 수많은 사람이 망원경을 통해, 또는 육안으로 지켜보는 가운데 클레로가 예측한 대로 3월의 어느 날 밤, 예상한 위치에 혜성이 서서히 나타나서 온 세계는 흥분의 도가니에 빠져들었지.

광자 대단했겠네요.

뉴턴 이 혜성은 핼리 혜성으로 불리게 되었고, 최근에는 1835년, 1910년, 1986년에 다시 나타났어.

광자 1986년에는 우리나라에서도 신문에 크게 보도되었지요. 그런데 혜성의 정체는 뭔가요?

뉴턴 혜성은 태양에서 멀리 떨어져 있던 기체의 얼음 덩어리인데, 태양에 접근하면 끓는점이 낮은 기체부터 기화하면서 태양의 반대 방향으로 꼬리를 만들지. 1997년 봄에 헤일-밥 혜성이 찾아왔을 때는 각종 관측 장치를 동원해서 꼬리의 기체 성분을 조사했어.

광자 지구 밖에 어떤 화합물들이 있나에 관한 많은 정보를 가지고 왔겠군요.

뉴턴 아무렴.

천왕성, 해왕성, 명왕성의 발견

광자 선생님, 그런데 케플러나 갈릴레오 시대에는 지구를 포함해서 토성까지 여섯 개의 행성만이 알려졌었지요? 나머지 행성들은 어떻게 발견되었나요?

뉴턴 그게 또 재미있는 이야기지. 핼리 혜성이 세상을 떠들썩하게 만들고 나서 약 20년 후에 또 하나 커다란 천문학적 사건이 일어났는데, 이 사건의 주인공은 영국의 아마추어 천문학자인 윌리엄 허셜이었어. 허셜은 직업적인 음악가로 낮에는 오케스트라에서 오보에를 불기도 하고 교회의 오르간 연주자로 일하는가 하면, 음악 레슨도 해서 생활비를 벌었대. 밤에는 날씨가 궂을 때는 손수 유리를 갈아서 망원경을 제작하고 날씨가 좋은 때는 천체를 관측했고.

광자 허셜은 1800년에 가시광선 바깥쪽에서 적외선을 발견했다지요? 그런데 허셜은 도대체 잠은 언제 잔 거예요?

뉴턴 사람은 자기가 좋아하는 일을 하면 초인적인 능력을 발휘할 수가 있지. 아무튼 허셜은 태양계 내에서 아직 발견되지 않은 천체를 꾸준히 찾다가 1781년에 매일 밤 위치가 조금씩 바뀌는 이상한 별을 발견하고 이것을 새로운 혜성으로 발표했어. 그런데 유럽의 많은 천문학자들이 수개월에 걸쳐서 이 별을 추적하며 궤도를 계산해보니 뜻밖에도 이 별은 혜성과 같은 타원형의 궤도를 그리는 것이 아니라 태양을 중심으로 거의 원형의 궤도를 그리는 것이었지. 게다가 그 궤도는 토성의 궤도의 두 배나 되는 아주 큰 궤도였고 말이야.

광자 그러니까 그것은 혜성이 아니라 토성 밖에 있는 태양계의 새로운 행성이라는 결론이 나왔군요.

뉴턴 수성, 금성, 지구, 화성, 목성, 토성 이렇게 여섯 개의 행성은 오래 전부터 잘 알려져 있었기 때문에 그 외에 새로운 행성이 있다는 사실은 큰 충격을 가져왔지. 이 새로운 행성은 그리스 신화에서 하늘을 뜻하는 Ouranos를 따서 Uranus(천왕성, 天王星)라고 불리게 되었고, 천왕성이 발견되고 수년 후에 발견된 새로운 원소는 우라늄(uranium)이라고 명명되었어.

광자 천왕성의 발견이 당시 얼마나 센세이셔널했는지 말해주는군요.

뉴턴 그런데 이번에는 1821년에 천왕성의 궤도에 약간의 불규칙성이 있는 것이 발견되었어. 그것은 천왕성이 발견되고 나서 태양의 주위를 채 반 바퀴를 돌기도 전에 일어났는데 (천왕성의 공전 주기는 84년) 다행히도 1690년까지 거슬러올라가는 자료가 있었지. 이 모든 자료를 조사해보자 물체의 운동에 관한 뉴턴의 법칙이 틀렸거나 천왕성에 아직 발견되지 않은 새로운 행성의 중력이 작용하거나 둘 중의 하나일 수밖에 없다는 것이 확실해졌어.

광자 그렇다면 뉴턴의 법칙을 거꾸로 적용해서 천왕성의 궤도로부터 이 새로운 행성의 위치를 계산해낼 수 있었을까요?

뉴턴 이론적으로는 가능하겠지만 컴퓨터는커녕 간단한 계산기조차도 없는 그때로서는 그 계산이 상상을 초월하는 복잡한 것이었지. 하지만 과학자의 호기심은 이런 문제를 그냥 넘기게 내버려두지 않거든. 1845년에 영국의 애덤스(John Couch Adams)와 프랑스의 르베리에(Le Verrier)는 독자적으로 이 엄청난 계산을 시작했는데, 애덤스가 먼저 약 1년에 걸친 계산을 끝내고 영국의 어느 천문학자에게 자기가 예상한 위치에 새로운 행성이 있는지 보아달라고 부탁했어.

광자 지금 같으면 아마추어 천문가라도 직접 관측을 할 텐데요.

뉴턴 그 당시에는 성능이 좋은 망원경은 세계적으로 유수한 천문대에만 있었지. 그런데 애덤스는 아직 스물다섯 살의 풋내기 학생이었기 때문에 그의 부탁을 받은 천문학자는 더 바쁜 일에 매달려서 이 세기적인 발견을 놓쳐버렸어. 반면에 르베리에는 이미 잘 알려진 천문학자였지. 그는 계산 결과를 베를린 천문대의 갈레에게 보냈는데, 갈레는 그날 밤으로 르베리에가 예상한 위치에서 수일 전에 발표된 별의 지도에도 나타나지 않은 새로운 별을 찾아냈어. 게다가 그 위치는 애덤스가 몇 주 전에 이미 예상한 위치와 거의 일치했대.

광자 애덤스의 쓰라린 마음이 상상이 가네요.

뉴턴 지금은 해왕성(Neptune, 海王星)으로 알려진 이 새로운 행성이 발표되자 이제는 행성의 운동에 나의 법칙이 적용된다는 사실을 의심하는 사람은 아무도 없게 되었지. 적어도 태양계 내에서 천체의 운동은 규칙적이고 뉴턴 역학에 의해서 예측될 수 있다는 사실이 더욱 분명해진 거야.

광자 1930년에 태양계의 행성 중에서 제일 큰 궤도를 그리는 명왕성(Pluto, 冥王星)이 로웰 천문대에서 발견된 이야기는 허블 선생님에게서 잠깐 들었어요.

기계론적 우주관

뉴턴 그런데 또 하나 중요한 것은, 포탄의 궤도나 사과가 떨어지는 것 같은 간단한 운동을 서술하는 운동 법칙이 달과 행성의 궤도와 같이 언뜻 보면 전혀 다른 세계에서 일어나는 일을 잘 서술할 수 있게 되자, 사람들이 자연을 이해할 수 있는 인간의 능력에 대해 낙관적인 태도를 가지기 시작했다는 점이지.

광자 갑자기 눈이 열리는 기분이었겠지요?

뉴턴 그래서 우주를 여러 개의 톱니바퀴가 복잡하게 얽혀 있는, 그러나 순서에 따라 정확하게 제 갈 길을 찾아가는 하나의 결정론적인 복합체로 보게 되었어.

광자 20세기에 들어와서는 불확정성의 원리에 의해서 그런 생각이 크게 바뀌지요?

뉴턴 원자의 세계에서 기계론적 우주관의 한계가 드러날 때까지

200년 이상 고전 역학은 인간의 사고에 커다란 영향을 미쳤지. 현대 물리학의 두 기둥인 양자역학과 상대성 이론에 의해서 아주 미세한 세계, 아주 온도가 낮은 세계, 그리고 속도가 광속에 가까운 세계에서는 고전 역학이 적용되지 않는다는 사실이 알려졌지만, 우리가 일상에서 접하는 세계에서는 항상 진가를 발휘하고 있으니 나로서는 아주 흡족하네.

광자 선생님은 역사상 가장 뛰어난 과학자의 한 사람으로 칭송을 받고 있지요. 오랜 시간 이야기를 나누게 되어 참으로 영광입니다.

13장

우주의 에너지는 보존되고 엔트로피는 항상 증가한다

"열은 외부에서 대가를 치루지 않고는
차가운 물체에서 뜨거운 물체로 옮겨가지 않는다."
—클라우지우스

에너지 개념을 놓친 뉴턴

광자 클라우지우스 선생님, 19세기 물리학의 가장 큰 성과라면 열역학과 전자기학의 확립이라고 하던데요. 선생님께서는 열역학에서 큰 업적을 남기셨지요?

클라우지우스 열역학 제1, 제2법칙을 세우는 데 힘을 좀 보탰지.

광자 열역학 제1, 제2법칙이라면 에너지 보존과 엔트로피 증가에 관한 법칙이지요?

클라우지우스 그렇네. 제3법칙은 켈빈이 확립한 최저 엔트로피에 도달할 수 없다는 법칙이고.

광자 그런데 저희가 학교에서 에너지를 처음 배우는 것은 뉴턴의 법칙을 배울 때거든요. 힘은 질량과 가속도의 곱이고, 일은 힘과 거리의 곱이라는 점에서부터 운동 에너지가 나오지요. 그런데 여러 가지 양 중에서 유난히 에너지가 보존되는 이유는 뭔가요? 예를 들면 힘은 보존된다는 말은 들어본 적이 없거든요.

클라우지우스 싱거운 것 같으면서도 아주 근본적인 의문일세. 우선 뉴턴의 생각을 알아보지. 뉴턴은 『프린키피아』에서 자연의 기본적이고 절대적인 양으로 시간, 길이, 질량을 들었어.

루돌프 클라우지우스(Rudolf Clausius)

광자 나중에 아인슈타인 선생님에 의해서 이들이 모두 상대적이라고 밝혀졌다지요?

클라우지우스 그렇다네. 흥미로운 것은 뉴턴은 가속도, 속도, 운동량 등은 다 고려하면서도 에너지라는 개념에는 도달하지 못했다는 점이야.

광자 그래서 열역학은 19세기에 확립되었다는 이야기가 나온 거군요.

열린계와 닫힌계

클라우지우스 에너지 보존의 법칙을 이야기하기 위해서는 우선 열린계(open system)와 닫힌계(closed system) 이야기를 해야 해.

계(system)는 우리가 관심을 가지고 관찰하려고 하는 우주의 일부분이고, 그 나머지는 주위(surrounding)라고 하지. 물론 열린계라면 문자 그대로 열려 있어서 주위와 무언가의 교환이 가능한 계이고.

광자 닫힌계라면 아마도 국가간에 수출입이나 이민, 여행 등이 전혀 없을 테니까 구한말의 상황이 그에 가깝겠지요.

클라우지우스 철저하게 쇄국을 한 나라의 전체 부는 일정할까?

광자 그러라는 법은 없지요. 좋은 임금님이나 정치가를 만나고 풍년이 들면 살림이 나아질 수도 있고, 무능한 임금이나 정치가를 만나면 있던 것도 까먹을 수도 있겠지요.

클라우지우스 닫힌계에서도 보존되지 않는 양이 있는 게 확실하군. 보존되는 양은 어떤 게 있을까?

광자 글쎄요, 대대적인 간척 사업을 벌이지 않는 한 국토 면적은 대체로 보존된다고 볼 수 있겠지요. 인구는 대체로 증가하니까 보존된다고 보기 어렵고요. 물론 열린계에서는 닫힌계에서보다 더 많은 것이 변하겠지요.

클라우지우스 열린계에서는 보존되는 양이 별로 없겠지. 그럼 우주는 열린계인가 닫힌계인가?

광자 열린계라면 바깥의 무엇이 있다는 이야기고 그렇다면 그 무엇을 우주에 포함시켜야 하니까 우주는 닫힌계라고 보아야지요.

클라우지우스 그럼 광자는 닫힌 우주에서 에너지가 보존된다는 것이 당연하게 보이나?

광자 글쎄요, 에너지 보존의 법칙, 질량 보존의 법칙을 하도 들어서 당연하게 생각되네요. 그런데 지금 보존되지 않는 양들을 생각해보니까 그렇지 않을 수도 있겠다는 생각이 들어요.

클라우지우스 그래? 그럼 닫힌 우주에서 보존이 되지 않는 양은 뭐가 있을까?

광자 그 점은 아직까지 생각해본 적이 없지만 우주의 나이는 계속 증가하겠지요. 우주는 팽창한다니까 우주의 크기도 보존된다고 할 수 없겠고요.

클라우지우스 은하계의 수나 어떤 은하계 내의 별의 수는 어때?

광자 은하계도 생기고 별도 태어나고 죽고 한다니 그것도 보존되지 않네요.

클라우지우스 우주의 원자 수는?

광자 돌턴은 원자는 만들 수도 없앨 수도 없다고 했는데요.

클라우지우스 별의 내부에서 원소의 합성이 진행되고 있는데?

광자 하긴 그렇네요. 일반적으로 핵융합이 일어나니까 원자의 수는 감소한다고 보아야겠군요. 물론 중성 원자가 아니라 원자핵이지만요.

클라우지우스 우주 공간으로 빠져나오면 중성 원자가 되니까 그렇게 생각해도 되지.

광자 생각보다 간단치 않군요. 아무튼 닫힌계에서도 대부분의 양은 보존이 되지 않는다는 점은 확실하네요.

클라우지우스 그러니까 우주의 에너지가 보존된다는 것이 어떻게 보면 신기하고 또 중요한 거지.

뉴턴 시대의 보존 법칙

광자 뉴턴은 에너지라는 개념이 없었다고 하더라도 다른 어떤 양의 보존을 생각하지 않았나요?

클라우지우스 뉴턴은 우선 물체의 질량은 새로 만들어지거나 파괴할 수 없는 기본적인 양이라고 믿었지.

광자 라부아지에는 화학 변화에 있어서 질량의 변화가 없다는 것을 밝혔지요.

클라우지우스 뉴턴은 또 작용-반작용의 법칙으로부터 운동량(momentum) 보존의 법칙을 유도했어.

광자 운동량이라면 질량과 속도의 곱이지요? 질량이 작은 당구공을 질량이 큰 볼링볼로 치면 운동량 보존의 법칙에 의해서 당구공은 볼링볼보다 큰 속도를 얻지요.

클라우지우스 네덜란드의 호이겐스는 탄성 충돌의 경우에 운동량 이

위치 에너지와 운동 에너지

외에도 mv^2라는 양이 보존되는 것을 알아냈지.

광자 2분의 1만 곱하면 운동 에너지인데요.

클라우지우스 글쎄 말이야. 라이프니츠는 이 양을 생명력을 의미하는 vis viva라고 불렀는데, 나중에 뉴턴 역학으로부터 운동 에너지가 $mv^2/2$로 유도되면서 중요성이 확실해졌지.

광자 운동 에너지는 보존되나요?

클라우지우스 에너지는 보존된다고 해서 모든 에너지가 다 제각기 보존된다는 것은 아니지. 위치에너지라는 개념이 생긴 다음에야 물체가 높은 곳에서 낮은 곳으로 떨어질 때 위치에너지는 운동 에너지로 바뀌지만 전체 에너지는 보존된다는 것이 알려진 거야.

광자 시계추 같은 진자에서는 주기적으로 위치에너지와 운동 에너지 간의 변환이 일어나지요. 추가 제일 높이 올라갔을 때는 모든 에너지가 위치에너지로 바뀌고, 바닥을 지나는 순간에는 그 위치에너지가 모두 운동 에너지로 바뀌고요.

일과 열의 대응 관계

클라우지우스 광자가 진자 이야기를 제때에 잘 꺼내주었어. 진자는 밖에서 에너지를 공급해주지 않으면 운동을 멈추지. 그걸 보면 에너지가 보존된다는 생각이 들까?

광자 오히려 에너지가 없어져버리는 것같이 보이네요.

클라우지우스 그럼 그걸 어떻게 정확하게 해석할 수 있을까?

광자 에너지가 없어진 게 아니고 마찰열로 빠져나간 거지요.

클라우지우스 그러니까 열도 일종의 에너지고 달아난 열을 붙잡아서 양을 잴 수 있다면 전체 에너지는 변하지 않았을 거라는 말인가?

제임스 줄(James Joule)

광자 그렇지 않을까요?

클라우지우스 그걸 밝히는 데 꽤나 오랜 세월이 걸렸지. 열이라는 게 정체가 불분명했거든. 측정하기도 어려웠고. 뉴턴 역학에서도 열은 설명하지 못했어.

광자 그러니까 열에 대한 이해가 이루어진 후에야 에너지 개념이 정립되었겠군요.

클라우지우스 그게 1850년경이었지.

광자 그럼 처음에는 열을 어떻게 생각했나요?

클라우지우스 한동안은 열을 질량을 가진 플로지스톤(phlogiston)이라는 물질로 생각했어. 그러다가 라부아지에는 열을 칼로릭(caloric)이라는 질량이 없는 유체로 생각하고 칼로릭을 질량과 마찬가지로 보존되는 기본 물질의 하나로 간주했지.

광자 지금은 열도 에너지의 한 형태로 이해하잖아요? 에너지는 일이고요. 그렇다면 열의 본질도 일과 열의 관계를 통해서 드러

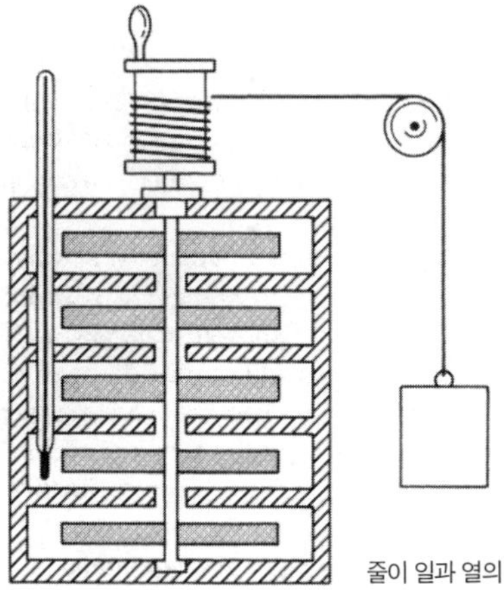

줄이 일과 열의 관계를 확립하는 데 사용한 장치

나지 않았을까요?

클라우지우스 좋은 지적이야. 기계적인 일과 열의 관계를 처음 보여준 사람은 영국의 럼퍼드였지. 럼퍼드는 1798년에 대포의 구멍을 갈아낼 때 생기는 엄청난 양의 마찰열은 기계적인 일이 열로 변한 것임을 보여주었어.

광자 에너지의 단위는 줄(Joule)인데 줄(James Joule, 1818-1889)은 무슨 일을 했나요?

클라우지우스 줄이야말로 일과 열의 관계를 정량적으로 확립한 공이 크지. 줄은 추가 떨어지면서 하는 일과 물의 온도를 올려주는 데 들어간 열이 대등한 것을 증명했어.

광자 열이 밖으로 빠져나갈 우려도 있고 간단한 실험이 아니었을 것 같은데요.

클라우지우스 줄이 관찰한 일과 열의 대응 관계는 지금 알려진 값의

1퍼센트 오차 이내라니까 대단한 거야. 뿐만 아니라 물 이외에도 여러 가지 기름을 사용해서 그러한 대응 관계를 확실히 수립했지.

광자 그럼 칼로릭 설은 수그러졌겠네요.

클라우지우스 암.

마이어와 에너지의 근원

광자 그럼 에너지가 보존된다는 생각은 어떻게 발전되었나요?

클라우지우스 초기에 중요한 공헌을 한 사람으로는 독일의 의사 마이어(Julius Mayer, 1812~1878)를 들 수 있지. 마이어는 1840년대에 자바를 여행하면서 자기가 치료를 하는 선원의 피가 독일에서보다 더 붉은 색을 띠는 것을 알아차렸어.

광자 그것 참, 이상하네요. 피가 붉은색인 것은 헤모글로빈이라는 산소를 운반하는 단백질에 철이 결합되어 있기 때문이라고 들었는데, 그럼 같은 사람이 열대 지방으로 가면 핏속의 철의 양이 많아지기라도 한다는 말인가요?

클라우지우스 그게 좀 복잡한데 말이야, 피의 색은 산소가 얼마나 결합하고 있나, 다시 말해서 철의 산화 상태에 달려 있거든.

광자 고기가 오래되면 색이 변하는 것도 산화에 의한 것이겠네요.

클라우지우스 맞아. 그런데 마이어는 라부아지에가 피에 들어 있는 산소의 산화 작용에 의해 체온이 유지된다고 설명한 것을 알고

마찰열은 기계적인 일(마찰)에서 오고

손을 비비는 데 필요한 화학적 에너지를 공급한 식물은 광합성에 태양의 핵융합 에너지를 이용하고

핵융합의 원료인 수소는 150억 년 전 빅 뱅의 산물

에너지의 보존

있었거든. 그래서 열대 지방에서는 몸이 열을 많이 발생할 필요가 없으니까 산소의 소모도 적을 것이다. 따라서 철과 산소가 결합한 상태의 붉은색이 진할 것이다, 그렇게 생각한 거지.

광자 말 되네요.

클라우지우스 마이어는 또 추울 때 손을 문질러서 내는 마찰열의 근원은 기계적인 일이고 이 기계적인 일은 결국 음식을 먹고 소화시키고 산화해서 얻은 것이다. 그렇다면 애초에 음식에 저장되어 있던 에너지가 일부는 열로, 일부는 기계적인 에너지로 바뀌었을 뿐 전체 에너지는 일정한 것이 아닌가 하는 생각을 하게 되었지.

광자 에너지 보존 법칙의 냄새가 나네요. 마이어는 에너지의 근원을 어디까지 추적했나요?

클라우지우스 마이어는 에너지에는 기계적 에너지, 화학적 에너지, 열에너지, 전자기적 에너지, 음식의 에너지 등 여러 가지가 있는

것을 지적했는데 이 모든 에너지는 궁극적으로 태양에서 오는 거라고 생각했어.

광자 대단한 생각이네요.

클라우지우스 광자는 에너지의 근원을 어디까지 찾아올라갈 수 있나?

광자 마이어가 생각한 태양에너지는 양성자가 헬륨 원자핵으로 융합될 때 질량이 에너지로 변환되는 거니까 그 에너지는 양성자의 질량에서 온다고 보아야 할 테지요. 그런데 양성자는 빅 뱅 이후 10^{-5}초 정도에 쿼크들로부터 만들어졌고, 쿼크들은 그 이전에 우주의 초기 에너지로부터 만들어졌다니까 결국 모든 에너지의 근원은 빅 뱅까지 추적이 가능하겠지요.

클라우지우스 내가 살아 있을 때는 빅 뱅이라는 개념조차 없었으니 한 세기 동안 참 많은 것을 알게 된 거지.

열역학 제1법칙

광자 그런데 마이어의 생각은 지지를 받았나요?

클라우지우스 처음에는 아예 무시를 당하거나 조소의 대상이 되었어. 그러다가 유명한 영국의 물리학자 켈빈 경(Lord Kelvin)이 줄의 실험 결과를 지지하면서 에너지라는 개념과 에너지 보존의 법칙이 받아들여지게 된 거야.

광자 열역학 법칙으로 정리한 것은 선생님이었다지요?

클라우지우스 내가 1850년에 제1법칙과 제2법칙을 정리했지.

광자 처음에는 질량 보존의 법칙과 에너지 보존의 법칙은 별개로 생각되었겠지요?

클라우지우스 아인슈타인이 특수 상대성 이론에서 둘 사이의 등가 관계를 밝힐 때까지는 그랬지.

광자 그러니까 에너지 보존의 법칙을 "우주가 처음 생길 때 일정한 양의 에너지가 주어졌다. 이 에너지는 질량과 변환되지만 전체로는 불변이다. 이 일정한 에너지를 가지고 우주는 살림을 꾸려나간다. 우주의 일부를 떼어놓고 외부와 차단된 닫힌계로 생각한다면 그 안에서 어떤 물리적, 화학적 변화가 일어나더라도 그 계의 에너지는 보존된다." 이렇게 말할 수 있을까요?

클라우지우스 아주 맘에 드는 표현이네. 마치 부모가 먹을거리를 잔뜩 사다놓고 여행을 떠나면서 아이들에게 "우리가 다녀올 때까지 문 밖에 나가지 말고 이것만 먹고 지내야 한다"고 당부하는 격이지.

광자 그거야말로 재미있는 비유네요. 그런데 저는 아직도 뭔가 꺼림직해요. 라면 열 개같이 뭐 절대적인 숫자로 주어지는 거라면 몰라도 에너지는 상대적인 개념이 아닌가요?

클라우지우스 에너지는 상대적이라, 어떤 의미에서 그렇게 말하는 건가?

광자 예를 들면 지금 저희가 의자에 앉아서 대화를 나누고 있으니까 운동 에너지는 제로라고 말할 수 있겠지요. 그렇지만 태양에서 바라본다면 지구는 상당한 속도로 움직이고 있으니까 지구와 같은 속도로 움직이고 있는 광자라는 물체의 운동 에너지는 제로라고 말할 수 없겠지요.

클라우지우스 아주 좋은 지적이야. 광자 말대로 에너지의 절대량을 측정할 수 없고 차이만을 잴 수 있지. 그럼에도 불구하고 보존된다는 점이 아주 흥미로운 거지.

광자 법칙이라는 이름이 붙은 것을 보면 예외가 허용되지 않는 확실한 것인가 보지요?

클라우지우스 한때는 예외가 있는 게 아닌가 생각되기도 했지.

광자 어떤 경우였는데요?

클라우지우스 처음 방사능이 발견되었을 때지.

광자 아 참, 2장에서 베크렐이 방사능 에너지의 근원을 알 수 없어서 차라리 에너지 보존의 법칙을 파기해야 하는 게 아닌가 고민했다는 이야기를 들었어요.

클라우지우스 그럼 에너지 보존의 법칙이 파기되지 않고 어떻게 방사능이 설명되나?

광자 그건 3장에서 배웠지요. 초신성 폭발의 에너지로 불안정한 방사성 동위원소들이 만들어진 거라구요.

클라우지우스 요즘 젊은이들은 과학 상식이 대단하군. 내가 활동하던 때만 해도 여러 사람들이 넣어준 에너지보다 많은 에너지를 내놓는, 말하자면 에너지 생산 기계를 만들어서 떼돈을 벌어보려고 밤잠을 설쳤어.

광자 지금은 누가 돈을 갖다주고 해보라고 해도 안 하겠지요.

클라우지우스 될지도 모른다는 것과 절대로 안 된다는 것 사이에는 엄청난 차이가 있지. 그런 의미에서 열역학 법칙은 자연의 어느 다른 법칙보다도 확고부동한 법칙이라고 말해도 과언이 아니야. 뉴턴의 운동 법칙도 물체가 광속에 가까운 속도로 운동할 때는 맞지 않지.

광자 열역학 법칙은 "예외가 없는 법칙은 없다"라는 법칙에는 맞지 않는 법칙이군요.

클라우지우스 예끼, 그건 순전히 말장난이네.

열역학 제2법칙

광자 그런데 에너지 보존의 법칙이 적용된다면 왜 에너지 부족이니 에너지 절약이니 하고 떠들어댈 필요가 있을까요? 단지 누가 에너지를 더 많이 소유하는가 하는 분배의 문제인가요?

클라우지우스 분배도 문제는 문제이지만 그보다 더 근본적인 문제가 있지. 쉽게 이야기해서 전체 에너지는 일정해도 유용한 에너지는 계속 줄어들고 있다는 거야.

광자 그럼 진짜 문제는 유용한 에너지의 분배로군요. 그런데 유용한 에너지라는 개념은 흔히 접하는 쉬운 개념은 아닌 것 같은데 어떻게 그런 생각을 하게 되었나요?

클라우지우스 산업혁명과 관계가 있지. 산업혁명은 인류 역사에서 아주 중요한 변화의 하나인데, 18세기 후반에 증기기관이 발명되자 어떻게 하면 열기관의 열효율을 높일 수 있을까가 큰 관심거리였어. 왜냐하면 같은 양의 석탄을 태워서 기차나 증기선의 수송 능력을 극대화하고 많은 양의 직물을 생산해내고 하는 일이 개인이나 국가의 부와 직결되었기 때문이지.

광자 열기관이란 무얼 말하나요?

클라우지우스 열기관이란 높은 온도의 물체에서 낮은 온도의 물체로 열이 전달될 때 그 열의 일부를 일로 바꾸는 장치이지.

광자 그럼 열기관의 효율은 어떻게 결정되나요?

클라우지우스 열기관의 효율은 높은 온도와 낮은 온도의 차이를 높은 온도로 나눈 값이야.

광자 두 물체의 온도 차이가 커야 효율이 크겠군요. 그런데 온도 차이가 없다면 열기관으로 작동하지 못하나요?

클라우지우스 온도 차이가 없다면 열이 흐를 수 없지. 온도 차이가 없이 열이 흐른다면 온도가 균일한 물체의 한 부분이 뜨거워지고 다른 부분은 차가워져야 하는데 절대로 그런 일은 안 일어나거든.

광자 그런 일이 일어날 수 없다는 법이 있다는 말인가요, 아니면 지금까지 관찰한 바에 의하면 그렇다는 말인가요?

클라우지우스 순전히 경험에 기초한 법칙이지. 열기관의 효율을 높이려고 아무리 노력해도 열이 흐르는 방향을 바꾸어서 공짜로 일을 얻어낼 수는 없었단 말이야. 한 번이라도 예외가 발견된다면 법칙은 깨어지겠지만 절대로 그런 일이 없으리라는 확신이 있으니까.

광자 열이 자연적으로 흐르는 방향이 바뀐다면 별별 일이 다 일어나겠지요. 우리 주위에 뜨거운 것과 찬 것들이 도처에 있을 테니 불안해서 어떻게 살겠어요.

클라우지우스 광자도 머리는 펄펄 끓고 손발은 동상에 걸릴지도 모르지.

광자 열이 흐르는 방향이 있다는 게 여간 고마운 것이 아니군요. 선생님께서 1850년에 그러한 사실을 제2법칙으로 정리하셨다지요?

클라우지우스 나는 “열은 외부에서 대가를 치루지 않고는 차가운 물체에서 뜨거운 물체로 옮겨가지 않는다”라는 표현을 썼지.

광자 대가라는 건 냉장고에서 모터가 돌아야 차가운 냉장고 내부의 열을 더운 바깥으로 내보낼 수 있다는 말이군요. 모터가 고장나면 어느 정도 시간이 흐른 후에는 냉장고 내부나 외부나 온도가 같아지겠지요. 그런데 혹시 물체의 한 부분이 뜨거워지고 다른 부분은 차가워진다고 해도 에너지 보존의 법칙에 어긋나는 건 아니잖아요?

클라우지우스 그렇지. 그러니까 제1법칙과 제2법칙은 독립적인 법칙이야.

에너지의 감등과 엔트로피

광자 그런데 열역학 제2법칙을 이야기할 때는 엔트로피(entropy)라는 말을 쓰던데 저는 그 부분이 잘 이해가 안 되요. 오늘 엔트로피를 정의하신 선생님을 만났으니 꼭 알고 넘어가야겠어요.

클라우지우스 열이 높은 온도의 물체에서 낮은 온도의 물체로 전달될 때 그 사이에 열기관을 장치하면 열을 일로 바꿀 수 있다는 것은 이미 언급했지.

광자 예를 들면 석탄을 때서 물을 끓이고 그 증기압으로 증기기관의 피스톤을 움직여서 기차나 증기선을 움직이는 경우지요?

클라우지우스 그래. 그런데 열기관을 개발하는 과정에서 사람들은 단계를 거칠 때마다 열기관이 사용할 수 있는 유용한 에너지는 계속 감소하는 것을 알게 되었어. 그런데 에너지의 총량은 보존되어야 하니까 에너지의 질이 떨어진다. 즉 감등(degrade)한다고 생각했지.

광자 에너지 감등의 원인은 뭔가요?

클라우지우스 그게 아주 중요한 점인데 에너지는 열로 소실되기 때문에 감등하는 거야.

광자 열도 에너지니까 에너지 보존 법칙에는 문제가 없겠지요. 문제는 열은 붙잡아둘 수 없고 찬 물체 쪽으로 이동하니까 써먹을 수 없다는 말이군요. 가만있자. 찬 물체 쪽에서 열을 이용하면 되잖아요?

클라우지우스 열효율은 두 물체의 온도 차이에 달려 있다고 했지 않나.

광자 참, 벌써 까먹었군요. 찬 물체로 열이 이동하면 효용성을 잃어버리겠네요.

클라우지우스 그런 각도에서 제2법칙은 "에너지를 유용한 일로 바꾸

태양 에너지가 광합성에 의해 화학적 에너지로 바뀌어 음식에 저장되고, 음식을 먹고 얻은 에너지로 일을 하는 동안 에너지의 일부는 항상 열로 바뀐다.

는 과정에서 일부의 에너지는 항상 사용할 수 없는 에너지로 바뀐다"라고 표현할 수도 있지.

광자 과학에서는 당연히 이러한 감등된 정도를 수식으로 표현하겠지요?

클라우지우스 그러기 위해서 내가 엔트로피라는 양을 정의했어. 엔트로피는 변환할 수 있는 양(transformation content)이라는 의미를 가진 말인데 약간 오해의 소지가 있지. 왜냐하면 엔트로피는 전체 에너지 중에서 일로 변환할 수 있는 유용한 에너지를 빼고 난, 즉 감등된 에너지에 해당하거든.

광자 그럼 변환할 수 없는 양이군요.

클라우지우스 그게 더 정확한 표현이지. 아무튼 어떤 시스템의 엔트로피 변화는 시스템에 가해진 열을 그 시스템의 절대온도로 나눈 값으로 주어지지.

$$\Delta S \geq Q/T$$

광자 어떤 경우에 등호가 성립하고 어떤 경우에 부등호가 성립하나요?

클라우지우스 등호는 소위 가역적인 과정에서만 적용되지. 시스템과 주위 사이에 매순간 아주 적은 양의 열이 교환되어서 언제든지 반대 방향으로 돌이킬 수 있는 이상적인 경우야.

광자 그럼 실제의 모든 경우에는 부등호가 성립하겠네요. 그런데 위의 식이 무슨 의미인지 이해가 안 가요. 예를 들어서 설명해 주시겠어요?

클라우지우스 그러지. 여기 절대온도 600도의 물체에서 3,000킬로칼로리의 열이 300도의 물체로 흘러갔다고 해봐. 600도인 물체의 엔트로피 변화는 얼마지?

광자 열이 빠져나갔으니까 -3,000킬로칼로리를 절대온도 600도로 나누면 -5kcal/Kelvin이겠지요.

클라우지우스 300도인 물체의 엔트로피 변화는?

광자 흘러들어간 3,000킬로칼로리를 300도로 나누면 +10kcal/Kelvin이지요.

클라우지우스 그럼 전체적인 엔트로피 변화는?

광자 -5kcal/Kelvin에다 10kcal/Kelvin을 더하면 5kcal/Kelvin이 증가한 셈이군요.

클라우지우스 반대로 300도의 물체에서 같은 양의 열이 600도의 물체로 흘러갔다면 엔트로피의 변화가 얼마일까?

광자 부호만 바꾸면 되겠지요.

클라우지우스 그래, 엔트로피의 변화가 마이너스가 되지. 그럼 여기서 어떤 과정이 자발적으로 일어날지 여부를 엔트로피 변화의 부호로부터 알 수 있으리라는 생각이 들지 않아?

광자 네, 뜨거운 물체에서 찬 물체로 열이 흐르는 것과 같은 자발적인 과정에서는 전체 엔트로피는 증가하겠군요. 그럼 어떤 과정이 주어졌을 때 엔트로피 변화를 계산해보니 마이너스였다면 그 과정은 자발적으로 일어나지 않는다고 단언할 수 있을까요?

클라우지우스 열역학 제2법칙은 "자발적으로 일어나는 과정에서 시스템과 주위의 엔트로피의 합은 항상 증가한다"라고도 표현되네. 그러니 질문에 대한 답은 광자 스스로 할 수 있겠지.

광자 열역학 제1법칙에서는 우주의 에너지는 일정하다고 했는데, 제2법칙에서는 우주의 엔트로피에 대해서 어떻게 말할 수 있을까요?

클라우지우스 그것도 광자 스스로 답해보게. 우주는 시스템과 주위를 합한 총체적인 고립계(isolated system)라는 점이 단서야.

광자 우주에서는 항상 온도가 높은 물체에서 낮은 물체로 열이 흐르고 있으니까 우주 전체의 엔트로피는 증가하겠군요.

클라우지우스 그래서 "우주의 엔트로피는 항상 증가한다"가 열역학 제2법칙의 제일 인기있는 표현이 되었어.

열기관의 효율과 엔트로피 변화

광자 아까 제1법칙을 논의할 때 에너지 보존에 어긋나는 열기관을 만들려고 하는 모든 시도는 실패할 수밖에 없다는 이야기가 나왔는데, 제2법칙에 어긋나는, 즉 시스템과 주위의 엔트로피를 감소시키는 열기관 역시 실패가 보장된 프로젝트로군요.

클라우지우스 간단한 계산으로 알아볼까? 아까는 600도의 물체에서 3,000킬로칼로리의 열이 모두 300도의 물체로 전달되는 경우를 생각했는데, 이번에는 그 중에서 1,500킬로칼로리를 빼내서 일로 바꾸었다고 해보지. 그럼 두 물체의 엔트로피 변화는 각각 얼마겠나?

광자 600도의 물체는 3,000킬로칼로리를 잃었으니까 아까와 마찬가지로 엔트로피 변화는 −5kcal/Kelvin이겠지요.

클라우지우스 300도인 물체의 엔트로피 변화는?

광자 이번에는 3,000이 아니라 1,500킬로칼로리가 흘러들어갔으니까 1,500 kcal를 300도로 나누면 엔트로피 변화는 +5kcal/Kelvin이지요.

클라우지우스 그럼 전체적인 엔트로피 변화는?

광자 제로네요.

클라우지우스 엔트로피 변화가 제로인 열기관은 이상적인 경우야. 그런 열기관을 프랑스의 엔지니어 이름을 따서 카르노 사이클(Carnot cycle)이라고 부르지.

광자 그럼 어떤 열기관을 고안했을 때 그것이 실제로 가능한지를 알아보려면 열효율을 계산해서 그 값이 이상적인 카르노 열기관의 효율보다 높게 나오지 않나를 알아보면 되겠군요.

클라우지우스 카르노 사이클의 열효율은 아까 이야기한 대로

$$열효율 = (T_H - T_L)/T_H$$

로 주어지지.

광자 T_H와 T_L은 뜨거운 물체와 차가운 물체의 온도군요. 위의 경우에는 T_H와 T_L은 각각 600도와 300도니까 600에서 300을 빼고 다시 600으로 나누면 열효율은 50퍼센트네요.

클라우지우스 자, 자칭 발명가라고 주장하는 사람이 광자에게 찾아와서 이 열기관에서 남들은 최대한 1,500킬로칼로리의 일밖에는 얻어내지 못하지만 자기는 1,800킬로칼로리까지 일로 바꿀 수 있는 열기관을 개발했다, 즉 20퍼센트나 효율을 증가시켰다, 이 발명품에 초기 투자를 하면 큰 돈을 벌 수 있다고 하면 광자는 어떻게 하겠나?

광자 저야 돈이 없으니까그런 유혹에는 냉담할 수 있지만 과학도로서 당연히 최대 열효율을 계산해보아야지요.

클라우지우스 좋은 태도야.

광자 600도의 물체의 엔트로피 변화는 역시 -5kcal/Kelvin일 테지만, 300도인 물체에는 1,200킬로칼로리만 전달되었으니까 이것을 300도로 나누면 엔트로피 변화는 +4kcal/Kelvin가 되지요.

클라우지우스 그럼 전체적인 엔트로피 변화는?

광자 -1kcal/Kelvin이군요. 그 발명가가 가짜라는 게 여실히 드러났네요.

클라우지우스 그런 식으로 열역학 법칙은 어떤 과정이 가능할 것인가 아닌가를 확실히 말해주지.

광자 상당히 유용한 법칙이군요.

엔트로피의 확률적 해석

광자 엔트로피가 유용하다는 것은 알겠는데 물리적으로 어떤 의미가 있는지 감이 안 잡혀요.

클라우지우스 그럴 테지. 우선 엔트로피의 정의에 다른 모든 형태의 에너지가 아닌 열이 관계된다는 점을 다시 한번 주목할 필요가 있네.

광자 예를 들어서 열의 출입이 없이 어느 시스템의 화학적 에너지나 전기적 에너지만 변했다면 엔트로피의 변화는 없다는 말이군요. 그럼 문제는 어떤 의미에서 열이 유별난가 하는 점이겠지요?

클라우지우스 그렇지, 광자도 열에너지는 근본적으로 어떤 물체를 구성하는 원자나 분자들의 운동 에너지라는 것을 알고 있을 테지. 그런데 예를 들어서 증기기관에 사용되는 수증기를 생각해 본다면 높은 운동 에너지를 가진 수증기의 물 분자는 한군데에

머물러 있지 않고 다른 곳으로 퍼져나가려고 할 게 아닌가?

광자 문자 그대로 운동 에너지가 높으니까요. 퍼져나간 분자들을 불러 모아서 에너지를 회수하기도 쉽지 않을 테니 에너지 감등이라는 말이 이해가 가네요.

클라우지우스 내가 열역학 법칙을 발표한 지 20년 후에 볼츠만은 엔트로피를 확률적으로 고려해서

루드비히 볼츠만

$$S = k \log W$$

로 표현했지. 여기서 W는 가능한 미시 상태의 가짓수인데, 예를 들어서 동전 세 개를 던질 경우에 모두 앞면이나 뒷면이 나올 가짓수는 각각 한 가지밖에는 없지만 두 개와 나머지 한 개가 다른 면이 나올 가짓수는 여섯인 거지.

광자 그러니까 확률적으로 가능성이 높은 쪽이 엔트로피가 높다는 말이군요.

클라우지우스 그런 의미에서 엔트로피를 무질서의 척도라고 하는 거야.

광자 무질서는 많은 가능성 중의 하나의 상태일 뿐이군요.

클라우지우스 그럼 자발적으로 일어나는 과정에서는 엔트로피가 증

가할까 감소할까?

광자 그야 당연히 증가하겠지요. 제 방에 한번 와보세요. 제가 구태여 어질러놓으려고 노력하는 것도 아닌데 항상 어질러져 있거든요.

클라우지우스 그래도 광자가 한 달에 한 번쯤 청소를 할 때는 방 안의 엔트로피가 감소하지 않나?

광자 한 달에 한 번이라도 좋으니 저절로 방이 정리되었으면 좋겠네요. 제가 일을 해야 된다는 말씀이에요. 제가 열 내서 일하느라 얼마나 엔트로피가 증가하는 줄 아세요?

클라우지우스 그러니까 시스템과 주위의 엔트로피의 합은 항상 증가한다는 말이지? 그럼 아무리 애써 봐야 우주의 엔트로피는 증가하니까 내버려둘 건가?

광자 그럴 수야 없지요. 우리 삶의 무대는 제한된 작은 시스템이지 우주 전체는 아니니까요. 그런데 볼츠만의 정의에서 왜 출입한 열을 절대온도로 나누었지요?

클라우지우스 똑같은 양의 열이 들어왔다고 하면 물체의 온도가 높을 때와 낮을 때 어느 쪽이 무질서가 더 많이 증가할까?

광자 온도가 높으면 이미 높은 운동 에너지를 가지고 있지만, 온도가 낮은 경우에는 운동 에너지가 낮고 무질서도도 낮으니까 엔트로피의 증가가 더 크겠지요.

클라우지우스 그럼 엔트로피의 다른 표현들이 같은 의미를 가진다는 것이 납득이 가겠지?

깁스 자유에너지

광자 열역학은 화학 반응에서도 중요한 모양이던데요.

클라우지우스 화학 에너지의 차이가 많은 경우에 열로 나오니까 당연하겠지. 또 기체를 발생한다든지 두 가지 물질이 섞인다든지 확률적인 과정이 많이 개입되어 있거든.

광자 그렇겠군요. 그런데 발열 반응은 그런대로 이해하겠는데요, 흡열 반응은 어떻게 이해해야 하는 거지요?

클라우지우스 발열 반응에서는 시스템의 화학에너지가 낮아지니까 물이 낮은 곳으로 흐르듯 자연스러운 방향이고, 열이 주위로 나가니까 주위의 기체 분자들이 운동 에너지가 높아져서 여기저기로 퍼져나가서 엔트로피를 증가시키는 확률적으로 바람직한 방향이지. 그런데 흡열 반응은 그와는 반대이니 대부분 경우에는 자발적으로 일어나지 않겠지.

광자 추울 때 화학 반응을 이용해서 손발을 따뜻하게 하는 파우치는 팔지만 더운 날 시원하게 해주는 비슷한 물건은 별로 못 봤어요.

클라우지우스 그래도 재미있는 예외가 있어. 수산화바륨에 염화암모늄을 넣어주면 비커 표면에 얼음이 얼 정도로 냉각이 되지.

$$Ba(OH)_2 \cdot 8H_2O + 2NH_4Cl + \text{energy} \rightarrow BaCl_2 + 2NH_3 + 10H_2O$$

광자 이 반응이 흡열 반응이라는 건 관찰 사실이지, 왜 이 반응이 자발적으로 일어나는지를 설명하는 건 아니잖아요?

클라우지우스 흡열 반응인 것을 보면 생성물 쪽 에너지가 반응물 쪽보다 높다는 말인데 그건 이해가 되나?

광자 잠깐만요. 일반적으로 물이 생기면 에너지가 낮아지던데요. 물이 워낙 안정한 화합물이니까요.

클라우지우스 중요한 점이지. 그런데 오른쪽만 보고 물이 10분자 생겼다고 속단하면 안 되지.

광자 수산화바륨은 물이 여덟 분자나 붙어 있는 수화물이군요. 중요한 변화는 염화암모늄이 암모니아로 바뀐 것 같은데 염화암모늄의 강한 이온결합이 없어졌으니 생성물 쪽이 에너지가 높을 법도 하군요. 그런데 아직도 왜 그런 반응이 일어나는지 납득이 안 가요.

클라우지우스 우리가 여태 어떤 과정이 자발적으로 일어나게 하는 두 가지 추진력을 이야기하지 않았나?

광자 그랬지요. 하나는 물론 물을 아래로 흐르게 하는 추진력, 즉 에너지가 낮은 방향으로 진행하려는 경향이고, 다른 하나는 확률적으로 가능성이 높은, 즉 엔트로피가 증가하는 방향으로 진행하려는 경향이었지요.

클라우지우스 그럼 위의 반응에서는 엔트로피 효과가 에너지 효과보다 크다는 이야기가 되겠군.

광자 아, 그렇군요. 그런데 그 반응을 어떻게 확률적으로 해석하지요?

클라우지우스 여덟 분자의 물이 수산화바륨에 결합하고 있는 경우하고 떨어져 나온 경우하고 어느 쪽이 엔트로피가 높을까?

광자 그야 떨어져 나와서 자유롭게 돌아다니는 경우겠지요.

클라우지우스 염화암모늄에 생긴 변화는 어떤가?

광자 고체 상태의 염화암모늄에서 암모니아 기체가 발생했다면 엔트로피 증가는 상당하겠네요. 기체는 액체보다 더 멋대로 돌아다닐 테니까요.

클라우지우스 그럼 답은 다 나왔네. 이 두 가지 효과를 종합적으로 고려하기 위해서 깁스는 자유에너지(Gibbs free energy)라는 개념을 도입했지.

$$\triangle G = \triangle H - T\triangle S$$

광자 H는 뭔가요?

클라우지우스 엔탈피라는 양인데 일정한 온도와 압력하에서 시스템이 주위와 주고받는 열을 말하지. 대부분의 경우에 부피보다는 압력을 일정하게 유지하는 것이 편하기 때문에 그렇게 정의하는 거야.

광자 에너지가 낮은 쪽으로 반응이 진행하면 열이 시스템에서 빠져나갈 테니까 △H는 마이너스가 될 테고, 엔트로피가 증가하면 둘째 항도 마이너스, 그러면 △G는 자연히 마이너스가 되겠군요.

클라우지우스 에너지와 엔트로피의 효과가 반대인 경우에는 위의 식에 따라 △G를 계산해보아서 마이너스가 나오면 자발적으로 일어난다고 판단할 수 있는 거지.

광자 아까는 우주 전체의 엔트로피가 증가하는 방향이 자발적으로 일어나는 방향이라고 하셨잖아요?

클라우지우스 그랬지. 그런데 광자는 우주 전체의 엔트로피를 조사하는 편이 쉽겠어, 아니면 시스템의 자유에너지를 조사하는 편이 쉽겠어?

광자 그야 시스템이 다루기 쉽겠지요.

클라우지우스 그래서 자유에너지가 대단히 유용한 거야. 많은 화합물에 대해서 깁스 자유에너지의 값이 조사되어 있기 때문에 어떤 반응이 주어지면 깁스 자유에너지의 변화를 쉽게 계산할 수 있는 거지.

광자 그것으로부터 시스템과 주위 전체의 엔트로피가 증가할지 여부를 판단할 수 있다는 말이군요.

열 죽음과 우주의 종말

클라우지우스 그런데 엔트로피에 대해 이해를 하게 되자 사람들의 우주관이 크게 영향을 받게 되었어.

광자 어떤 의미에서요?

클라우지우스 우주에는 온도가 높은 부분과 낮은 부분이 불균형하게 분포되어 있지.

광자 우주 공간은 메탄도 얼어붙을 정도라는데 여기저기에는 별과 은하계가 불타고 있지요.

클라우지우스 열역학 제2법칙에 따르면 언젠가는 열적 평형에 도달해야 하겠지.

광자 그 동안 엔트로피는 계속 증가하고요.

클라우지우스 1852년에 켈빈이 생각한 엔트로피의 극한점에 도달한 열적 평형 상태를 열 죽음이라는 말로 표현하지.

광자 음울한 종말의 예언이군요. 요즘은 팽창하는 우주가 다시 수축해서 원점으로 돌아갈지도 모른다는 말도 있고, 그보다 훨씬 전에 태양이 적색 거성이 되면 어차피 지구는 멸망한다는 것은 기정 사실로 되어 있어요.

클라우지우스 그보다 훨씬 전에 환경의 파괴로 생태계의 균형이 깨어지겠지.

광자 아무튼 갑자기 살맛이 안 나네요.

클라우지우스 19세기 후반에 보들레르 같은 사람들의 문학을 보면 그런 냄새가 풍기지.

생명 현상과 엔트로피

광자 아무튼 주어진 시간 동안 하나밖에 없는 지구를 아끼며 생명을 향유해야 하겠지요. 그런데 생명과 엔트로피의 문제는 아무래도 이해가 안 가요. 간단한 분자들이 모여서 핵산이나 단백질, 또 탄수화물을 만드는 것을 보면 엔트로피가 감소하는 게 틀림없잖아요?

클라우지우스 그 문제는 슈뢰딩거에게도 큰 숙제였어. 슈뢰딩거는 네거티브 엔트로피라는 약간 억지스러운 표현을 썼지만, 생명체는 궁극적으로 태양에서 오는 에너지를 이용해서 엔트로피가 감소하는 방향으로 반응을 끌어가는 시스템을 개발한 거지.

광자 그러니까 세포 내에서 효소 같은 시스템이 없이 자발적으로 포도당이 모여 탄수화물을 만든다든가 아미노산이 모여 단백질을 만들 수는 없다는 말이지요?

클라우지우스 그럼 처음 생명은 어떻게 생겼냐 하는 문제는 계속 남아 있지.

광자 그야 수억 년의 시간이 있었으니까 그 동안 여러 상황에서 여러 가지 반응이 일어나다가 자기 복제를 할 수 있는, 제법 복잡한 화합물이 생기면 생명이 시작되는 게 아니겠어요?

클라우지우스 그런 식의 추론이 그래도 제일 타당성이 있다고 생각되지. 시간이 핵심이라는 말이야.

광자 지금 제 몸 속에서 고분자가 합성되고 있는 과정을 통해서도 우주 전체의 엔트로피는 증가된다고 보아야 하나요?

클라우지우스 열역학 법칙은 예외가 없지. 태양으로부터 네거티브 엔트로피를 받아서 이용한다고 표현하건 다른 더 좋은 표현을 생각해내건 간에 생명이라는 비평형 상태를 유지하기 위해서 누군가가 대가를 치뤄야 하는 거야.

광자 죽은 후에는 평형 상태가 되겠지요?

클라우지우스 죽음에는 분해가 따르니까 엔트로피는 증가할 테고.

광자 생명은 자체의 엔트로피를 줄일 줄도 알고 주위 환경의 엔트로피를 줄일 줄도 아니, 역시 귀중하고 아름다운 것이네요.

14장

전기와 자기는 같은 힘의 두 가지 다른 측면이다

"당시에는 도선이 없이 공간을 넘어 교신을 하는 방법을 개발하려는 나의 시도가 궁극적으로 어떤 결과를 가져올지 예측하기란 불가능한 일이었다. 그러나 헤르츠의 전자파를 이용해서 몇 야드의 거리에서 신호를 주고받는 데 성공했을 때 이미 나는 이러한 방법으로 무한한 거리에서 통신을 하는 꿈을 가지고 있었다."

—마르코니

고전 물리학의 마지막 과제

광자 선생님, 저는 앞의 몇 장을 통해서 16세기에 코페르니쿠스에 의하여 시작된 과학혁명이 케플러와 갈릴레오를 통하여 어떻게 아리스토텔레스적인 세계관을 무너뜨리고 관찰에 입각한 근대적인 세계관으로 발전했는지, 또한 물체의 운동에 관한 갈릴레오의 기본적인 관찰이 어떻게 17세기에 뉴턴에 의하여 우리 주변의 물체뿐만 아니라 천체의 운동까지도 수학적으로 기술할 수 있는 고전 역학으로 발전했는지를 배웠어요.

맥스웰 뉴턴 역학은 고전 물리학의 가장 중요한 부분이라고 해도 과언이 아니지.

광자 그리고는 18세기 후반에 시작된 산업혁명의 요구로 열기관의 효율에 대한 연구가 이루어지고 19세기 중반에 이르러 열역학의 법칙들이 확립된 것을 알아보았지요.

맥스웰 그럼 이제는 19세기에 이루어진 또 하나의 중요한 과학의 발전을 알아볼 차례로군.

광자 전자기학의 확립 말씀이지요?

맥스웰 그래. 뉴턴 역학은 2세기에 걸쳐 여러 방면에서 크게 성공을 거두었고, 특히 19세기에 크게 발전한 기계공학과 토목공학은 뉴턴 역학에 힘입은 바가 컸지. 그런데 19세기 후반까지 뉴턴 역학으로는 설명이 안 되는 중요한 문제가 있었는데 그것이 바로 전기와 자기에 관한 문제였어.

광자 전기와 자기에 관해서는 이미 많이 알려지지 않았나요?

맥스웰 사실 이미 경험적으로 전기와 자기에 관한 많은 사실이 알려졌고, 그러한 지식에 입각해서 발전기와 모터를 만들어 사용하고 있었지만 전기와 자기의 본성에 대해서는 기본적인 이해가 이루어지지 않았지.

고대인에게 알려진 전기와 자기

광자 고대인들은 전기와 자기에 대해 어느 정도 알고 있었나요?

맥스웰 원시인에게도 천둥과 번개는 익숙한 자연계의 현상 중의 하나였을 테지. 중국에서는 기원전 3천 년경부터 자석이 항해에 이용되었다더군.

광자 철을 끌어당기는 모습이 마치 어머니가 자식을 끌어안는 인자

(仁慈)함을 연상시킨다고 해서 자석(磁石)이라는 말이 생겨났다고 신문에서 보았어요.

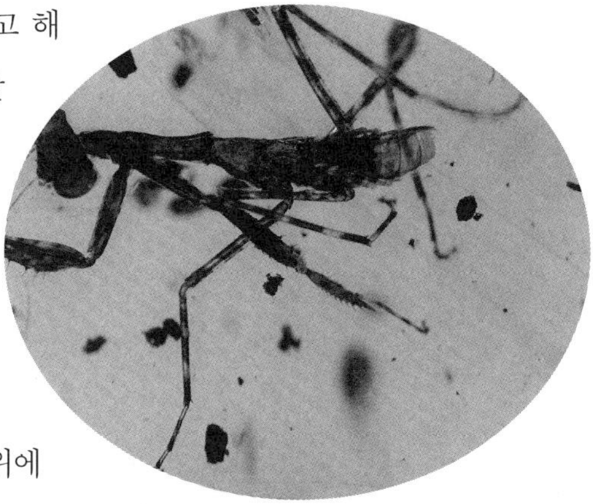

호박에 붙잡힌 곤충. 영화 〈쥬라기 공원〉에는 중생대에 만들어진 호박에 붙잡힌 모기가 빨아먹은 공룡의 피로부터 DNA를 추출해서 공룡을 재생하는 이야기가 나온다. 호박의 희랍어인 일렉트론으로부터 electric이라는 말이 나왔다.

맥스웰 그런가 하면 소아시아의 마그네스라는 양치기 소년이 샌들 바닥에 박은 못이 어떤 바위에 달라붙는 바람에 마그네타이트(magnetite, 자철광)라는 광물을 발견했다는 이야기가 있지. 아무튼 기원전 6세기경 소아시아의 밀레토스에서 활동하던 탈레스는 이미 전기와 자기에 대하여 알고 있었다고 하더군.

광자 전기에 관해서는 어떻게 알게 되었을까요?

맥스웰 아무래도 전기적 성질은 정전기로부터 알게 되었겠지. 예컨대 자연산 수지(resin)인 호박(琥珀, amber)은 마찰에 의해 정전기를 띠게 된다는 것이 오래 전부터 알려졌어.

흐르는 전기

광자 근대에 들어와서는 전기와 자기에 대한 생각이 어떻게 바뀌었나요?

맥스웰 오래 전부터 전기와 자기의 성질은 별개의 것으로 알려져왔는데, 1551년에 카르단은 호박과 자철광의 끄는 성질이 다르다는 것을 지적하고 전기 작용과 자기 작용을 확실히 구분했어. 1600년경에 영국의 길버트(William Gilbert)는 호박과 같이 마찰시킬 때 정전기를 띠는 여러 가지 물질을 발견하고 이러한 전기적인 성질을 electric이라고 불렀지.

광자 길버트는 그 말이 얼마나 널리 사용될지 짐작도 못했겠지요?

맥스웰 요즘 세상에 와보면 깜짝 놀라겠지.

광자 그 당시에 정전기가 생기는 이유를 알았을까요?

맥스웰 물론 당시에는 왜 정전기가 발생하는지는 전혀 짐작도 할 수 없었지. 전기를 띠는 기본 입자인 전자는커녕 물질의 기본 단위인 원자에 대한 이해도 거의 없었으니까.

광자 전기가 흐른다는 사실은 어떻게 알게 되었나요?

맥스웰 1720년대에 영국의 그레이(Stephan Gray)는 정전기에 관한 많은 중요한 실험을 했는데, 특히 그레이는 정전기가 물체를 따라 옮겨간다는 사실을 증명했어. 거의 100미터나 되는 뜨개실을 천장에 수평이 되게 매달고 대전된 유리막대를 실의 한쪽 끝에 댄 후에 반대쪽 끝에 새털을 가까이 대니까 글쎄 새털이 실에 달라붙더란 말이야.

광자 지금 생각하면 전자가 흐른 것이군요.

맥스웰 나중에 톰슨에 의해서 전자는 원자 내부에 들어 있는 작고 가벼운 입자인 것이 밝혀지면서 두 가지 물질을 문지를 때 전자가 한 물질에서 다른 물질로 옮겨가서 정전기를 띠는 현상이나 그레이가 관찰한 전자의 흐름을 쉽게 이해할 수 있게 되었지만, 전자의 본질이 알려지지 않았던 당시로서는 이것이 대단히 센세이셔널한 일이었지.

광자 전기를 다루다보면 감전하는 일도 많았겠군요.

맥스웰 당시에 아주 높은 전압은 만들지 못한 것이 다행이었지. 아닌게아니라 그레이는 자기의 조수를 써서 전기가 인체를 통과하는 것도 증명했어. 그레이는 또 여러 가지 물질들이 전기를 띠는 성질이 다르다는 것을 밝히고, 물질을 전도적 성질에 따라 전기를 잘 띠는 물질과 잘 띠지 않는 물질의 두 종류로 분류했지.

광자 라이덴 병(Leyden jar)이란 걸 들어봤는데 그게 뭐예요?

맥스웰 그건 1746년에 라이덴 대학 교수였던 피터 판 뮈센브르크(Pieter van Musschenbroek)가 물체에 대전된 전하를 저장할 수 있도록 고안한 병이지.

광자 보통의 정전기는 생겼다가 금방 없어지는데 라이덴 병에 저장이 된다면 가지고 다니면서 다양한 일을 할 수 있겠네요.

맥스웰 라이덴 병 덕분에 별별 일이 다 있었지. 프랑스에서는 왕이 지켜보는 앞에서 180명의 근위병이 손에 손을 잡고 둥글게 원을 만든 다음 양끝에 있는 병정이 라이덴 병에 손을 대자 180명이 동시에 하늘로 펄쩍 뛰어오르는 광경이 연출되었지. 또 영국에서는 라이덴 병에서 나온 전기가 철사를 따라 400미터나 되는 템스 강 위의 다리를 건넜다가 강물을 건너 다시 돌아와서 한 손으로 라이덴 병을 붙잡은 사람이 다른 손에 쥔 쇠막대기를 강물에 대는 순간 전기 쇼크를 일으키는 시범을 보였대.

광자 인체 실험을 하다니요. 프랑스, 영국 이야기를 하니까 미국에서 벤저민 프랭클린(Benjamin Franklin)이 했다는 유명한 연 날리기 실험이 생각나네요.

맥스웰 미국이 영국 식민지이던 1752년의 일이지. 프랭클린은 유명한 정치가요 외교가일 뿐만 아니라 유능한 발명가, 과학자였어. 프랭클린은 번개가 칠 때 삼끈을 통해 전기가 흘러내려서 끝에 매단 열쇠에 전기가 흐르는 것을 손가락을 대어보아 확인할 수 있었지.

광자 번개의 전기가 정전기와 본질적으로 같은지 알았나요?

맥스웰 프랭클린은 번개칠 때 열쇠에 흐르는 전기를 라이덴 병에 수집해서 그것이 이미 알려진 전기와 똑같은 성질을 나타낸다는 것을 증명했지. 프랭클린은 전기를 일종의 유체로 생각했고, 이 유체가 많은 것을 양전기(positive electrification), 부족한 것을 음전기(negative electrification)라고 불렀어.

광자 지금까지 말씀하신 건 대개 정성적인 내용인데 전기와 자기에 관한 정량적인 연구는 어떻게 이루어졌나요?

맥스웰 18세기 후반에야 비로소 전기와 자기에 관한 정량적인 연구가 이루어졌어. 1767년과 1785년에 각각 프리스틀리(Priestley)와 쿨롱(Coulomb)에 의해서 두 개의 정전기 사이에 작용하는 힘의 크기는 전하의 곱에 비례하고 정전기간의 거리의 제곱에 반비례한다는 법칙(inverse-square law)이 발견되었지.

동물 전기와 전지의 발명

광자 전지는 어떻게 발명되었나요?

맥스웰 전지에 관해서도 재미있는 이야기들이 많이 있지. 광자는 교과서에서 어떤 전지에 대해 배웠나?

광자 어느 책이나 우선 갈바니 전지(Galvanic cell)부터 다루는데 갈바니는 사람 이름인가요?

맥스웰 갈바니는 18세기 후반에 이탈리아 볼로냐 대학 교수였는데 다른 많은 위대한 발견이 그랬던 것처럼 갈바니 전지의 원리의 발견에도 우연이 개입했던 것 같아. 어떤 이야기에 의하면 1786년경 갈바니의 부인이 병중이었는데, 개구리 다리를 삶아 먹으면 좋다는 의사의 권고에 따라 개구리의 껍질을 벗겨서 금속 접시에 올려놓고 그 위에 나이프를 얹어놓았다는군. 그런데 주위에서 갈바니의 학생들이 당시에 유행하던 기전기를 돌려서 전기 불꽃을 만들며 장난치고 있었는데, 갈바니의 부인은 전기 불꽃이 튈 때마다 나이프에 닿은 개구리가 경련을 일으키는 것을 관찰했다지.

광자 두 금속 사이에 개구리가 끼어 있는 경우에는 높은 전류가 흘렀던 모양이군요.

맥스웰 나중에 갈바니는 기전기로부터 나오는 전기 불꽃이 없는 경

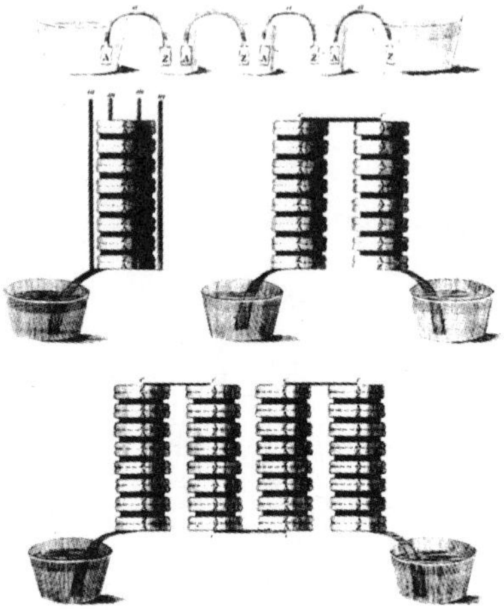
볼타가 고안한 볼타 전지

우에도 동물 근육이 두 가지 다른 금속으로 연결된 회로에 연결되면 경련을 일으키는 것을 발견했는데, 이 경우에는 전기가 어디에서 오는 것인지 쉽게 설명할 수 없었지. 그래서 갈바니는 이 전기가 동물 근육 자체에서 오는 것으로 생각하고 동물 전기라고 불렀어.

광자 사실은 동물과는 관계가 없는 거지요? 그래도 동물 근육은 전기가 흐른다는 것을 알려주는 검출기 역할을 한 셈이니 그 경우에는 없어서는 안 될 요소였지요.

맥스웰 맞아. 아닌게아니라 얼마 후에 같은 이탈리아 과학자인 볼타(Volta)가 갈바니가 관찰한 전기는 실상은 동물과는 전혀 관계가 없다는 것을 증명했어. 볼타는 은과 아연과 같이 두 가지 다른 금속판 사이에 소금물에 적신 천이나 두꺼운 종이를 끼우고 금속판을 도선으로 연결하면 전류가 흐른다는 것을 관찰한 거지. 뿐만 아니라 이러한 조합을 여러 개 중복해서 쌓아놓으면 전압이 비례적으로 증가한다는 것을 알아냈어.

광자 그때 전압을 어떻게 측정했나요?

맥스웰 물론 당시에는 전압을 측정하는 장치가 없었기 때문에 볼타는 도선의 한쪽 끝을 손에 대고 다른 끝을 혀에 대어보는 식으로 전압을 대충이나마 측정할 수밖에 없었지.

광자 전압의 단위로 볼트(volt)가 쓰이는 것은 아주 당연한 일이네요. 어디에선가 볼타가 나폴레옹 앞에서 전지의 시범을 보였다고 읽었어요.

맥스웰 볼타가 1800년에 지금의 전지와 유사한 볼타 전지를 고안해서 처음으로 전류를 연속적으로 흐르게 할 수 있었던 것은 과학의 발전, 특히 화학의 발전에 중요한 의미를 가지게 되지. 왜냐하면 정전기의 경우에는 비록 라이덴 병에 저장한다고 하더라도 그것을 방전할 경우에 흐르는 전류가 순간적이고 양도 많지 않거든. 그런데 볼타 전지의 경우에는 두 금속 사이의 산화/환원 전위의 차이에 의해서 기전력(electromotive force, emf)이 생기기 때문에 두 금속이 존재하는 한 계속해서 전기가 흐른다는 말이지.

광자 물을 한 양동이 붓고 마는 것이 아니라 인공 폭포를 만들어놓은 셈이군요.

맥스웰 적절한 비유라 할 수 있네.

전기와 자기의 관련

광자 지금까지는 전기와 자기에 관해 따로 이야기를 했는데 사실 전자기라는 말이 있는 것을 보아도 두 현상간에는 밀접한 관계가 있는 게 아닌가요? 그렇다면 그런 관련성은 어떻게 알려졌나요?

맥스웰 자연과학의 목표는 언뜻 보기에 복잡한 자연의 현상을 간단한 법칙으로 설명하고 그 배후에 숨어 있는 질서를 발견하는 것이라고 말할 수 있겠지. 그런 의미에서 물리학자들은 자연계에 존재하는 힘들을 통합하려는 노력을 기울이고 있어. 19세기 초반에는 중력과 전기력, 그리고 자기력이 알려져 있었지.

광자 2장에서 지금은 강한 핵력과 약한 핵력을 포함해서 자연계에는 네 가지 힘이 있는 것이 알려져 있다고 들었어요. 그러니까 그 사이에 전기력과 자기력이 통합되었군요.

맥스웰 중력은 17세기에 뉴턴에 의해 발견된 모든 물체간에 작용하는 인력이고, 전기력의 경우에는 정지하고 있는 같은 전하(electric charge) 사이에는 반발력이 작용하고 다른 전하 사이에는 인력이 작용하지. 자기력의 경우에도 같은 자극(magnetic pole) 사이에는 반발력이 작용하고 다른 자극 사이에는 인력이 작용하잖아.

광자 전기력과 자기력 사이에 어떤 관계가 있어 보이네요.

맥스웰 또 하나 흥미 있는 점은 중력, 전기력, 자기력이 모두 거리의 제곱에 반비례한다는 거야.

외르스테드의 실험

광자 그럼 중력, 전기력, 자기력이 함께 통합될 수도 있을 것 같은데요.

맥스웰 공통점도 중요하지만 차이도 중요하지. 전기력이나 자기력과 중력은 어떤 중요한 차이가 있지?

광자 중력은 끄는 힘만 있지 척력은 없지요. 그렇게 보면 근본적인 차이가 있어 보이는군요.

맥스웰 이 장에서는 19세기에 알려졌던 이 세 가지 힘 중에서 어떻게 전기력과 자기력이 통합되었나 하는 것만 다루기로 하지. 광자는 외르스테드(Oersted, 1777-1851)라는 이름을 들어보았나?

광자 이름은 들어본 것 같은데 무슨 일을 한 사람인지는 솔직히 모르겠어요.

맥스웰 볼타 전지가 발명되고 약 20년 후인 1819년 일인데, 코펜하겐의 물리학 교수였던 외르스테드가 우연히 전기와 자기를 통합하는 데 중요한 최초의 단서를 발견하게 되지. 그는 볼타 전지에 긴 도선을 연결해서 전류가 흐르는 장치를 만들어놓고 강의를 하던 중에 학생들에게 "한번 자침을 도선에 평행하게 놓아볼까"라고 말했대.

광자 아마도 자침이 도선과 평행하게 자리를 잡으리라 생각하지 않았을까요?

맥스웰 내 추측에도 그래. 그런데 놀랍게도 자침을 도선에 가까이 가져가니까 휙 돌아서 도선과 직각이 되는 방향에 멈추어 서는 것이었어. 또 도선의 주위 한바퀴에 자침을 돌려가면서 대어보니까 자침의 방향은 마치 도선 주위로 하나의 원을 그리는 모양을 나타냈지.

광자 도선에 흐르는 전류 주위에는 자장이 생긴다는 사실을 보여주었군요. 그럼 반대로 자장으로부터 전류를 흐르게 할 수도 있나요?

맥스웰 아주 중요한 점이지. 1831년에 패러데이는 자기장을 변화시키면 전류가 흐르게 된다고 하는 유도 전류(induction of current) 현상을 발견해서 전기와 자기의 연관성이 양쪽으로 적용된다는 것을 보여주었어.

광자 유도 전류가 바로 발전의 원리가 아닌가요? 수력발전소에서는 낙차를 이용하고 화력발전소에서는 증기기관을 이용하지만 결국은 자석을 돌려서 자장의 변화를 일으켜 전류를 흐르게 하니까요.

맥스웰 광자는 상식이 대단히 풍부하군. 아무튼 외르스테드의 경우에도 흐르는 전류의 주위에 자기장이 생겼고, 패러데이의 경우 에도 자기장에 변화를 주었을 때 전류가 흐른 사실을 유념할 필요가 있지.

광자 움직이지 않는 전하의 주위에는 자장이 생기지 않고, 가만히 있는 자석 주위에는 전류가 발생하지 않는다는 말씀인가요?

맥스웰 바로 그거야.

맥스웰 방정식

광자 맥스웰 선생님은 주로 어디에서 활동하셨나요?

맥스웰 나는 원래 스코틀랜드 출신이었어. 그런데 케임브리지 대학에 캐번디시 연구소가 설립되자 1871년에 나는 초대 캐번디시 교수가 되어 훗날 이 연구소가 수많은 세계적인 업적을 내놓는 물리학 연구소로 자리를 잡는 데 기여했지.

광자 캐번디시 연구소에서는 후일 어떤 일들이 이루어졌는데요?

맥스웰 나의 뒤를 이은 레일리 경은 빛의 산란, 흑체 복사의 연구, 비활성 기체의 발견 등 여러 분야에서 탁월한 업적을 이루었고, 3대 소장이었던 톰슨은 전자를 발견한 것은 물론, 그 밑에서 여덟 명의 노벨상 수상자가 배출된 것으로 유명하지.

광자 그 중에는 톰슨의 아들도 끼어 있다면서요?

맥스웰 그래. 톰슨 후임으로는 핵물리학의 시조라고 할 수 있는 러더퍼드가 왔지. 캐번디시에서는 X-선 회절에 의한 분자 구조 결정 방법의 발견, 중성자의 발견, 최초의 고분자 단백질 구조 결정, DNA의 이중나선 구조 발견 등 중요한 과학의 업적들이 끊임없이 이어졌지.

광자 또 한 번 과학에서 전통의 중요성을 느끼게 되는군요. 다시 선생님에 관한 이야기로 돌아가지요.

맥스웰 나는 통계역학, 기체운동론 등에도 이름을 남겼지만 역시 제일 중요한 업적은 맥스웰 방정식이라고 자부하고 있네.

광자 맥스웰 방정식은 한마디로 뭐라고 말할 수 있을까요?

맥스웰 간단히 말하기는 어렵지만 외르스테드, 패러데이 등의 관찰을 기초로 전자장(electromagnetic field)을 수학적으로 취급하는 방정식이라고 말하면 되겠지. 네 개의 식으로 되어 있는데 그 중 하나는 시간에 따른 자기장의 변화가 전기장을 유도하는 것을 나타내고, 다른 하나는 전기장의 변화가 자기장을 유도하는 것을 나타내지.

광자 뉴턴 역학에 『프린키피아』가 있듯이 전자기학에도 유명한 저서가 있을 법한데요.

맥스웰 1873년에 발간된 『전기와 자기에 관하여(Treatise on Electricity and Magnetism)』가 중요한 자료로 인정받고 있지. 이 저서에서 나는 전기와 자기는 동떨어진 현상이 아니라, 같은 현상의 다른 면이라는 사실을 밝혔거든.

$$\nabla \cdot E = \frac{\rho}{\epsilon_0}$$

$$\nabla \cdot B = 0$$

$$\nabla \times E = -\frac{\partial B}{\partial t}$$

$$c^2 \nabla \times B = \frac{j}{\epsilon_0} + \frac{\partial E}{\partial t}$$

맥스웰 방정식

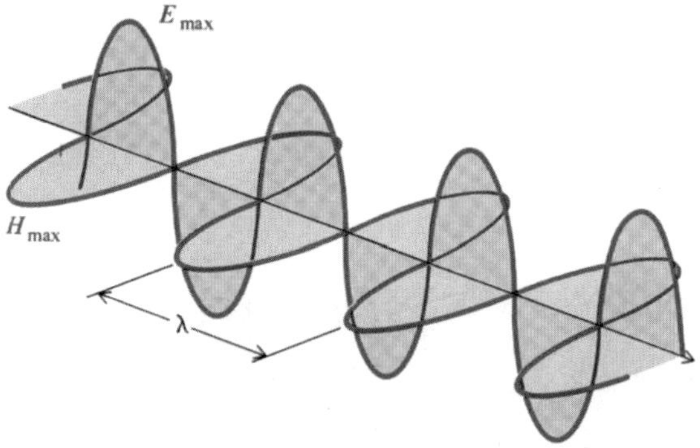

전자파의 스펙트럼

광자 그러니까 이론적으로 전기와 자기의 통합을 이루어내신 거군요. 그럼 19세기 말에 자연계에는 어떤 힘이 존재하냐고 물으면 중력과 전자기력 두 가지 힘이 존재한다고 대답했겠지요?

맥스웰 자신있게 그렇게 대답했겠지. 20세기에 들어와서 아인슈타인은 이 두 가지 힘을 통합하려고 많은 노력을 기울였지만 성공을 거두지 못했어.

헤르츠와 통신 혁명의 시작

광자 요즘은 정보화 시대라고 해서 컴퓨터, 광통신, 네트워크 등 신기술이 국력을 좌우할 정도가 되었는데, 맥스웰 방정식은 전기, 전자공학과는 어떤 관계가 있나요?

맥스웰 맥스웰 방정식의 가장 특기할 점은 이 식을 진동하는 전하에

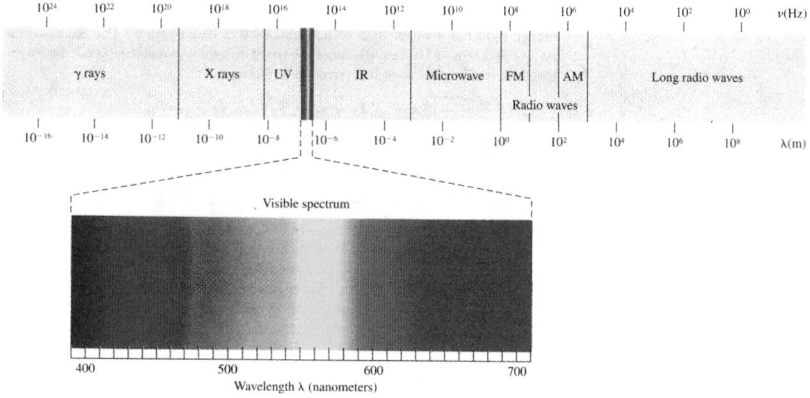

전자파의 스펙트럼

대해서 풀면 전자파(electromagnetic radiation)가 발생하여 빛의 속도로 진행하리라는 답이 나오는 거야.

광자 거기까지는 이론이지요. 그럼 누가 그걸 실험적으로 보여주어야 되겠군요.

맥스웰 마침 독일의 하인리히 헤르츠(Heinrich Hertz, 1857-1894)가 이것을 증명해 보이겠다고 나섰어. 헤르츠가 사각형의 구리선 두 개를 서로 맞대고 유도 코일을 사용해서 하나의 구리선을 충전하자 순간적으로 스파크가 맞은편 구리선으로 옮겨갔지. 그 다음에는 구리선 사이의 거리를 점차 벌려보았는데, 놀랍게도 거의 20미터 떨어진 구리선 사이에서도 이러한 현상이 관찰되었다는 말이야.

광자 틀림없이 어떤 전자파가 한쪽 구리선에서 빈 공간을 통해서 다른 구리선으로 전달된 거군요.

맥스웰 비록 짧은 거리라고는 해도 도선을 사용하지 않고 신호를 보낼 수 있다는 무선 통신의 원리를 실제로 증명해 보인 것이지. 헤르츠는 1886-88년에 이 전자파는 빛과 같은 속도를 가지고 빛과 마찬가지로 반사(reflect)도 되고 굴절(refract)도 되는 것을 증명했어. 이 관찰은 아주 중요한 의미를 지니지. 왜냐하면 과거에는 빛을 하나의 특이한 현상으로 파악했는데, 맥스웰과 헤르츠의 연구 결과로 빛은 전자기파 중에서 가시광선 파장의 영역에 속하는 일부라고 이해하게 되었거든.

광자 그럼 맥스웰은 전기와 자기 현상을 통합한 것뿐이 아니고 광학을 전자기학의 일부로 이해하게 했군요.

마르코니와 무선 통신

광자 무선 전신 하면 마르코니를 이야기하는데, 마르코니는 무슨 일을 했나요?

맥스웰 헤르츠 이후에도 여러 사람이 나의 이론을 실험적으로 증명했지만 그들의 관심은 순수한 과학자의 호기심을 넘어서는 것은 아니었어. 그런데 이러한 관찰의 기술적 이용에 눈을 돌린 사람이 이탈리아의 젊은 귀족인 마르코니(Marconi, 1874-1937)였지.

광자 당시에는 유선 통신은 사용되고 있었나요?

맥스웰 19세기 말에는 이미 세계적으로 전보와 전화가 인기를 끌고 있었어. 예를 들면 1900년에는 영국 내에서만 4억 통의 전보가 사용되었고, 미국에는 이미 100만 대의 전화가 설치되었지. 그런데 종전의 전신, 전화는 수만 킬로미터의 전선이 필요했고, 또 무엇이 필요했을까?

광자 엄청난 양의 신호가 도선을 통해서 오가니까 교통 정리를 해 줄 장치가 필요했겠지요.

맥스웰 그때는 여러 개의 수동식 교환대가 그 일을 담당했어. 그러니까 여러 가지 한계가 있게 마련이고 특히 항해 중인 선박과의 교신은 전혀 불가능했지.

광자 전선을 끌고 다닐 수는 없었겠지요. 그러고 보니 무선 전신의 출현을 위한 무대는 이미 마련되어 있었던 셈이네요.

맥스웰 1894년에 헤르츠의 실험 결과는 당시 20세인 마르코니의 주의를 끌었어. 마르코니는 헤르츠의 장치를 개선해서 곧 모스 부호의 신호를 약 3킬로미터까지 무선으로 보내는 데 성공했지.

광자 곧 벤처 회사를 차렸겠군요.

맥스웰 이탈리아에서 해보려고 했는데 지원을 얻지 못해서 마르코니는 1897년에 영국으로 건너가 회사를 차렸지. 그리고는 1899년에는 영불 해협을, 1901년에는 대서양을 건너서 신호를 보내는 데 성공했어.

광자 저는 그게 좀 이해가 안 돼요. 가까운 거리에 신호를 보내는 것은 있을 수 있다고 해도, 지구는 둥근데 어떻게 직진하는 전자파가 대서양을 건너서 미국에서 수신되느냐 말이에요.

맥스웰 사실 그건 기대하지 못한 놀라운 일이었지. 이유는 몰랐지만 일단 신호가 가기는 갔는데, 20년 후에 영국의 애플턴이 성층권 밖에 전리층이 있는 것을 발견한 후에야 설명이 가능해졌어.

광자 전리층이 전자파를 반사한 거로군요.

맥스웰 1909년에 정식으로 과학 교육을 받은 적이 없는 마르코니에게 노벨 물리학상이 수여되었을 때는 이미 세계적으로 300척의 상업 선박과 대부분의 해군 선박에 무선 전신 장치가 설치되었다지.

광자 옛날에도 좋은 아이디어가 있으면 금방 실용화되었군요. 그때는 광고를 어떻게 했나요?

맥스웰 요즘 같은 광고업은 없었지. 그런데 옛날에는 요즘같이 영화나 텔레비전 같은 오락이 없었기 때문에 사람들의 입에 오르내릴 일이 있으면 돈 안 들이고 광고 효과를 누리는 일이 있었어.

광자 무선 통신 자체로도 이야깃거리였을 텐데 무슨 양념거리가 있었나요?

맥스웰 당시 크리펜이라는 악명 높은 살인자가 있었지. 이 친구가 정부와 함께 캄파니아라는 증기선을 타고 벨기에의 안트워프에서 캐나다로 몰래 항해중이었는데, 살인자를 수배한다는 무선 방송을 들은 선장이 의심을 품고 영국 경찰에게 무선을 보냈겠지. 무선을 받은 경찰은 재빨리 캐나다에 먼저 도착해서 기다리고 있다가 크리펜과 정부를 체포했고 크리펜은 결국 교수형에 처해졌어.

광자 세계적인 토픽감이었겠군요. 마르코니의 무선 전신 사업도 인기를 탔을 테구요. 지금 보면 아주 원시적인 장치였을 텐데 그 후로 어떤 중요한 발전이 있었나요?

맥스웰 당시 무선 전신에 사용된 수신기의 핵심적인 부분은 전기를 한 방향으로만 흐르게 하는 관이었어. 이 장치가 1904년에는 영국의 엔지니어인 플레밍에 의해서 2극 진공관(diode)으로 발전되었고, 1906년에는 미국의 드 포레스트의 삼극 진공관(triode)으로 발전되어서 단순한 신호뿐이 아니라 음성이나 음악도 라디오를 통해서 들을 수 있는 길이 열리게 되었지.

광자 처음 라디오로 음악을 들었을 때는 감격이 대단했겠지요?

맥스웰 감격이 오래 가지는 않는 법이지. 그 후 통신혁명은 트랜지스터, 위성통신으로 이어지지만, 따지고 보면 외르스테드의 우연한 발견을 이어받아 전기와 자기의 본질을 이해하고자 노력했던 사람들의 노력과 헤르츠의 실험 정신, 그리고 과학의 응용에 관심을 가졌던 마르코니의 기업가 정신에 의해서 시작되었다고 말할 수 있겠지.

물질의 전자기적 성질의 근원

광자 다시 본질적인 문제로 돌아가서요, 물질의 전기적, 자기적 성질은 어디에서 오는 건가요?

맥스웰 19세기 물리학의 속성상 내 시대의 전자기학은 전기와 자기의 근본이 무엇인가는 다루지 못했어. 그러나 내 다음 세대부터 전자기의 연구는 원자 내부의 미시 세계에 중점을 두게 되었지.

광자 전자 말씀이군요. 선생님의 이론은 전자 발견 이전에 이루어진 것이니까 할 수 없지요. 오히려 전자를 모르는 상황에서 그런 이론이 나왔다는 것이 어떻게 보면 놀랍지요. 그런데 선생님은 전기를 어떤 식으로 이해하셨나요?

맥스웰 나는 전기를 연속적인 유체(continuous electric fluid)로 이해했지. 그런데 1833년 패러데이에 의한 전기 분해 실험 결과는 전하(electric charge)의 어떤 기본 단위가 있으리라는 시사를 던져주었거든.

광자 선생님의 이론이 나오기도 전에 그 이론을 수정하는 패러데이의 결과가 얻어진 셈이네요.

맥스웰 1895년에 로렌츠(Lorentz)는 이 두 가지 다른 관점을 조화시키기 위해서 전자(electron)라고 하는 전하를 띤 입자가 맥스웰 방정식에 따라 서로의 전기장하에서 상호작용을 한다고 제안했는데, 1897년에 캐번디시 연구소의 톰슨이 전자라는 입자를 발견하고 곧이어 양전기를 띤 입자들이 발견되어서 원자의 구조와 성질들을 전기적 입장에서 이해할 수 있게 되었지.

광자 원자의 내부 구조는 6장에서 자세히 배웠어요. 전자가 바깥쪽에 위치한다는 것이 특히 화학에서 중요한데 지금까지 이야기한 통신이나 전자공학에서도 그 점이 중요하겠지요?

맥스웰 너무나 당연하지. 전자는 원자의 바깥쪽에 자리잡고 있어서 외부의 전장에 의해서 쉽게 영향을 받으니까. 헤르츠가 진동을 시켜서 전자파를 발생한 전하도 결국은 전자가 아니겠어.

광자 전자의 성질을 이용한 전기, 전자, 컴퓨터 산업이 현대 사회의 핵심 산업으로 등장하게 된 것도 전기와 자기의 기본 성질을 이해할 수 있기 때문에 가능한 것이겠지요. 그런데 광통신은 전자의 성질을 직접 이용하는 것은 아니지요?

맥스웰 그래. 그렇지만 빛은 전자파의 일종이라는 것을 생각하면 광통신을 이용한 정보혁명도 전자기학의 기초 위에 발전한다는 점에서는 예외가 아니지.

광자 정말 그렇군요. 좋은 말씀 감사합니다.

15장

시간, 길이, 질량은 모두 상대적이다

"우주는 우리가 상상하는 것 이상으로 이상할 뿐만 아니라,
우리가 최대한 상상할 수 있는 이상으로 이상하다."

—할데인

획일적인 교육을 거부한 아인슈타인

광자 안녕하세요, 아인슈타인 선생님. 선생님은 상대성 이론을 수립한 20세기 최고의 과학자로서 뉴턴과 함께 역사상 가장 중요한 과학자로 알려져 있지요. 그런가 하면 나중에는 세계 평화를 위해 정치 문제에도 많이 관여하고 발언하신 것으로 알고 있습니다.

아인슈타인 정치는 오늘의 현실을 위한 활동이고 우주를 서술하는 수식은 영원한 의미를 지니는 것을 모르는 바 아니나, 우리는 오늘을 사는 존재이니만큼 정치 문제를 외면할 수 없다는 생각에서였지.

광자 더구나 선생님은 원자 폭탄으로 대표되는, 과학이 인류의 생존과 복지에 직접 영향을 끼칠 수 있는 사건들의 중심에 계셨으니까 당연히 그렇게 하셨어야지요. 그런데 젊을 때부터 특별히 그런 성향을 가지셨나요?

아인슈타인 근원을 찾자면 어린 시절로 거슬러올라가야지. 나는 1879년에 독일의 울름이란 지방에서 태어났는데 그 다음해에 부친 사업이 어려워져서 야콥 삼촌이 계신 뮌헨으로 이사했어. 그런데 거기서 다닌 학교가 어찌나 엄격했던지 나는 평생 획일적인 교육과 엄한 규율을 증오하게 되었지. 그런 맥락에서 나는 개인의 권리와 존엄성을 속박하는 전체주의에 끝까지 저항했어. 그런 성향이 어릴 때부터 어떤 방식으로든 표출되었겠지.

광자 그래서 흔히들 선생님을 학교에 적응하지 못한 문제아였다고 말하는군요.

아인슈타인 나는 학교 공부를 너무나 따분해했는데 그렇다고 비판은 용납이 되지 않았지. 공부를 게을리하는 식의 소극적인 저항을 할 수밖에 없었어. 생각은 항상 딴데 가 있었고.

광자 학교 성적도 좋지는 않았겠군요.

아인슈타인 한번은 선생님이 아버지께 "이 애는 커서 뭘 시킬 생각이신가요" 하고 물었더니 우리 아버지 왈, "뭘 해도 상관없어요. 재는 뭘 해도 성공하기는 틀렸으니까요"라고 했다니까.

광자 퇴학을 당했다는 말도 있던데요.

아인슈타인 나는 열두 살 때부터 벌써 학교에서 가르치는 내용에 회의를 품고 내 나름대로 생각을 키워가고 있었지. 그러다가 열다섯 살 때 학교의 방침을 따르든지 퇴학을 하든지 양자택일을 하라는 요구를 받았어. 내가 다른 학생들에게 방해가 된다는 거야.

광자 어릴 때 누구의 영향을 받은 일은 없었나요?

아인슈타인 누군가가 나침반을 주었는데 항상 주머니에 넣고 다니면서 가끔 꺼내보곤 했지. 그러면서 아, 이 공간은 그냥 텅 빈 공간이 아니구나 하는 생각을 하게 되었어. 또 어릴 적부터 바이올린을 좋아했는데 바이올린을 켜면서 음의 수학적 구조에 매혹되었지. 야콥 삼촌도 수학에 취미를 붙이게 도와주셨고.

광자 그러고 보니 여러모로 영향을 받으셨군요.

아인슈타인 그 중에도 특히 내가 과학에 눈을 뜰 수 있게 해준 사람은 나에게 상급 물리와 수학책을 주고 지도해준 어떤 뮌헨 의대생이었어. 얼마 안 있어 우리는 더 이상 물리나 수학에 대해 논할 것이 없게 되자, 칸트와 같은 철학자에 대해 많은 토론을 했지.

상대성 이론의 서막

광자 선생님은 여러 면에서 탁월한 업적을 이루셨지만 아무래도 아인슈타인 하면 상대성 이론이란 등식이 성립할 정도인데, 상대성 이론은 어떻게 생각하게 되셨나요?

아인슈타인 기왕 이야기가 나왔으니까 말인데, 많은 사람들이 내가 상대성 이론으로 1921년 노벨 물리학상을 받은 것으로 알고 있지만, 내가 노벨상을 받은 것은 특수 상대성 이론과 함께 1905년에 발표한 광전 효과의 설명 때문이야. 상대성 이론을 발표한 지 15년이 지난 후에도 제대로 이해하지 못하는 사람이 많아서 심사위원들의 의견이 분분했거든.

광자 나중에 따로 하나 더 받으셔도 좋을 뻔했네요.

아인슈타인 이야기가 자꾸 빗나가지만 1905년에 나는 특수 상대성 이론과 광전효과 이외에도 원자와 분자의 존재를 입증하는 브라운 운동을 설명하는 논문을 발표했는데, 나중에 사람들은 이 셋 모두가 노벨상감이라고 했지. 아무튼 나는 상대성 이론으로 노벨상을 받는 것이 타당하다고 생각해서 수상 강연은 일방적으로 상대성 이론을 설명하는 것으로 끝냈어.

광자 선생님답군요.

아인슈타인 처음 이야기로 돌아가지. 퇴학당한 후 나는 부모님이 계신 이탈리아의 밀라노로 옮겼어. 부모님은 사업에 또 실패해서 말하자면 이탈리아로 이민을 가셨거든.

광자 유복하고 평탄한 유년기는 아니었군요.

아인슈타인 열여섯 살 때, 이탈리아 어느 한적한 지방에서 어느 날 자전거를 타다가 문득 '내가 만일 빛을 타고 광속으로 달리면 세상이 어떻게 보일까?' 라는 순진한 의문을 품게 되었지.

광자 뭔가 아주 새로운 것은 그렇게 황당한 생각에서 비롯되는 게 아니겠어요? 대학은 어딜 다니셨나요?

아인슈타인 당시 스위스의 취리히 공대가 유명했는데 18세가 되어야 입학할 수 있다는 규정이 있었어. 2년을 놀 수도 없고 해서 그

해에 내가 쓴 전자기에 관한 논문을 삼촌께 부탁해서 보냈지. 그게 사실은 상대성 이론을 시사하는 논문이었어. 어쨌든 그 논문 덕분에 1895년에 열여섯 살의 나이로 입학하게 되었어.

광자 퇴학의 불명예를 단번에 만회하셨군요.

아인슈타인 나는 애초에 그런 것에는 신경을 껐으니까.

광자 1895년이라면 뢴트겐이 X-선을 발견한 해이니까 선생님의 대학 시절은 X-선, 방사능, 전자의 발견으로 이어지는 새로운 물리학이 열리는 시기였군요.

아인슈타인 이미 뉴턴 역학의 한계가 드러나고 전자기학에 관한 새로운 이론들이 나오고 있었지.

광자 대학 시절에는 별 문제가 없었나요?

아인슈타인 왜 없었겠나. 한 교수님이 "자네는 딱 하나 문제가 있네. 자네는 누구의 말도 듣지를 않아"라고 했으니까 알 만하지 않나?

광자 교수님에게 잘못 보이는 건 현명하지 못한 일이 아닌가요?

아인슈타인 아닌게아니라 그래서 졸업 후 물리학과에 탐이 나는 조교수 자리가 있었는데 놓치고 말았지.

광자 남과 다르다 보니 또 피해를 보셨군요. 그렇지만 전화위복이란 게 있으니까요.

스위스 특허국 직원

아인슈타인 그러다가 독일 국적을 가진 유대인으로는 어렵겠다 싶어 1902년에 스위스 국적을 얻고 베른에 있는 스위스 특허국 직원으로 취직했어.

광자 월급은 제대로 주던가요?

아인슈타인 겨우 먹고 살 정도였지. 사무실 가까이 방 한 칸짜리 아파트에 살았는데 나중에 가보니 그 앞길을 ‘아인슈타인 가’라고 이름을 바꿨더군.

광자 특허국 일은 어땠나요?

아인슈타인 업무란 게 비좁은 방에서 출원한 특허를 읽고 평가하는 지루하기 그지없는 일이었지. 얼마 후에 나는 요령을 터득해서 후딱 일을 해치우고는 나머지 시간에 물리학 연구에 힘을 쏟았지.

광자 그야말로 전화위복이군요.

아인슈타인 그 당시 한 가지 중요한 일이 있었는데, 뭔고 하니 내가 용돈을 좀 벌고 싶어서 물리 과외를 한다고 신문 광고를 냈거든. 그런데 두어 살 아래인 똑똑한 젊은이 몇 명이 찾아왔어. 몇 년 동안 우리는 같이 스위스 산간을 여행도 하고 카페도 다니며 많은 토론을 했지. 상대성에 관한 내 생각을 정리하는 데 많은 도움이 되었을 거야.

광자 1905년에 유명한 특수 상대성 이론을 발표하셨을 당시에도 특허국에서 일하셨나요?

아인슈타인 직장이 필요했으니까. 내가 26세 나이에 발표한 〈움직이는 물체의 전기 역학에 관하여(On the Electrodynamics of Moving Bodies)〉는 사람이 우주를 보는 관점을 크게 바꾸었지.

광자 유명한 $E=mc^2$는 특수 상대성 이론과 관계가 있다던데요.

아인슈타인 그 점은 내가 따로 다른 논문에서 다루었는데, 질량과 에너지의 변환 가능성을 지적한 그 식은 특수 상대성 이론의 가장 중요한 결론이라고 볼 수 있지.

광자 그 후로는 직장 걱정은 없었겠군요.

아인슈타인 1907년에 베른 대학에서 물리학 강사 자리를 구했지만 특허국에는 1909년까지 나갔어. 그 해에 취리히 대학에서 새로 생긴 이론물리학 교수 자리를 제의했거든. 그 후 1914년에 베를린 대학 교수로 옮기고 거기서 2년 후에 일반 상대성 이론을 발표했지.

광자 아무래도 상대성 이론에 대해서는 좀 자세한 설명을 부탁드려야겠어요.

아인슈타인 우리 주위에서 경험하는 일이 아니고 오히려 일상 경험과는 반대되는 이야기를 하기 때문에 이해하기가 쉽지 않거든. 상대성을 이해하는 데는 선험적 지식을 밀어놓고 전적으로 논리에 의존해야 하지.

갈릴레오의 상대성

광자 선생님의 특수 상대성 이론은 어떻게 발전되었나요?

아인슈타인 두 가지 중요한 가정이 있는데 하나는 갈릴레오와 뉴턴의 고전적인 상대성 원리야.

광자 선생님 이전에도 상대성이란 게 있었군요.

아인슈타인 어떤 법칙이나 현상의 절대성, 상대성에 대해서는 당연히 관심을 가졌지. 뉴턴은 『프린키피아』에서 시간은 외부의 어떤 것에도 영향을 받지 않고 수학적인 절대성을 지니고 일정하게 흐른다고 말했어.

광자 시간의 흐름을 어떻게 측정하느냐가 중요한 문제겠군요.

아인슈타인 뉴턴은 시간은 운동을 통해서 측정할 수 있다는 점을 지적했어. 물체가 동시에 두 위치에 있을 수는 없으니까 물체의 운동을 측정하면 시간을 잴 수 있겠지.

광자 속도가 중요한 양이 되겠지요? 갈릴레오는 어떻게 생각했나요?

아인슈타인 갈릴레오는 부둣가에서 움직이는 배의 돛대에서 떨어뜨린 물체는 배 위에서는 똑바로 떨어지는 것처럼 보이지만, 부둣가에 서 있는 사람에게는 포물선을 그리는 것으로 보일 것이라고 지적했지. 또 부둣가에서 떨어뜨린 물체는 부둣가에서는 똑바로 떨어지는 것처럼 보이겠지만, 움직이는 배에서 바라보는 사람에게는 포물선을 그리는 것으로 보이겠지. 보통의 경우에는 이러한 효과가 눈에 띄지 않겠지만 만일 배가 광속에 가까운 속도로 움직인다면 우리에게 익숙하지 않은 일들이 일어날 거야.

광자 자전거를 타고 광속으로 달리는 경우와 비슷하군요.

아인슈타인 배가 광속에 가까운 속도로 움직여도 배 위에서 하는 실험의 결과는 부둣가에서 하는 실험의 결과와 동일하겠지. 그래서 갈릴레오는 배 위에서 물체가 떨어지는 것을 관찰하는 것으로는 배가 움직이는지 여부를 알 수가 없다고 했어.

광자 그러니까 물리의 법칙은 관측자의 운동 상태에 상관없이 동일하다고 하는 거군요.

아인슈타인 부둣가에 있는 물체를 보아야 비로소 배가 움직이는 것을 알 수 있겠지. 그런데 그렇다고 해서 과연 배가 움직이고 있다고 확신할 수 있을까?

광자 배가 움직이는 것이 아니라 부둣가에 있는 물체, 아니 지구 전체가 움직인다고 볼 수 있지 않느냐 그 말씀이지요?

아인슈타인 잘 넘겨짚는군.

광자 그러니까 물체의 운동을 기술하기 위해서는 어떤 기준(frame of reference)이 있어야 한다, 그런데 어떤 절대적인 기준은 없다, 그런 결론이네요.

아인슈타인 그래, 그걸 갈릴레오의 상대성 원리라고 하지. 광자나 나나 지구를 기준으로 보면 정지해 있지만, 태양을 기준으로 해서 보면 초속 30킬로미터 정도로 운동하는 중이야.

광자 1초에 서울 시내에서 인천까지 가는 속도로 제가 움직이고 있다구요? 어쩐지 좀 어지럽다 했더니.

아인슈타인 걱정 마. 우리는 중력에 의해 지구에 꼭 붙잡혀 있으니까.

광자 어휴, 다행이네요.

관성계와 비관성계

아인슈타인 그런데 상대성 이론을 좀더 자세히 이야기하려면 관성계와 비관성계를 먼저 이야기해야 해.

광자 관성에 대해서는 12장에서 배웠어요.

아인슈타인 광자가 운전하는 차에 내가 타고 있다고 해보세.

광자 저는 운전을 좀 난폭하게 하는 편인데요.

아인슈타인 일단 얌전하게 같은 속도로 운전하고 있다고 해봐. 그럼 자동차나 차 안에 있는 우리나 관성에 의해서 일정한 속도로 직선 운동을 하게 되지.

광자 관성에 의해서 운동을 한다구요? 제가 비싼 기름을 사넣고 액셀을 밟기 때문에 운동을 하는 게 아니구요?

아인슈타인 그건 단지 마찰력을 상쇄시킬 따름이야. 어쨌든 이 경우에 관성의 법칙이 적용된다고 보이나?

광자 인정해요. 선생님 말씀대로 엔진이 발생하는 힘은 마찰력을 상쇄하는 데 쓰이고, 자동차나 우리 승객은 아무 힘을 받지 않으니까 등속 운동을 하고 있잖아요.

아인슈타인 광자가 갑자기 브레이크를 밟으면 어떻게 될까?

광자 차는 갑자기 감속을 하는데 탄 사람은 관성에 의해 운동을 계속하려고 하니까 잘못하면 앞 유리에 이마를 부딪칠 수도 있겠지요.

아인슈타인 차에 비해서 가속을 한 셈이지. 그런데 나에게 어떤 힘이 가해졌나?

광자 실제로 무슨 힘이 가해진 건 아니지요.

아인슈타인 힘이 가해지지도 않았는데 가속을 했다면 그건 관성의 법칙을 깬 게 아닌가?

광자 그렇군요.

아인슈타인 그래서 이런 경우를 비관성계라고 말하고 내가 느낀 힘을 가공의 힘(fictitious force)이라고 부르지.

광자 갈릴레오가 생각한 부둣가에 대한 배의 운동이나 태양에 대한 지구의 운동은 관성계에서의 운동이지요?

아인슈타인 그래. 그런 의미에서 갈릴레오-뉴턴의 상대성은 관성계 내에서 절대적인 시간과 공간의 변환을 다루는 것이지.

빛과 에테르

광자 선생님의 두 번째 가정은 무엇이었나요?

아인슈타인 빛의 속도는 일정하다는 것인데 그 이야기를 하려면 에테르를 이야기해야 하는데.

광자 괜찮아요. 에테르는 아리스토텔레스가 천상의 원소라고 생각한 물질이라던데 좀더 알고 싶어요.

아인슈타인 19세기 물리학의 커다란 성과라면 13, 14장에서 배웠겠지만 열역학과 전자기학이라고 볼 수 있지. 그런데 전자기 현상에서 가장 이해가 안 되는 부분은 어떻게 떨어져 있는 전하 사이에 힘이 작용하나(action at a distance) 하는 문제였어.

광자 중력에도 같은 문제가 있겠지요. 어떻게 설명하는 방법이 없나요?

아인슈타인 잘 안 되는 일이 있으면 일단 이름을 붙이는 것도 한 방법이야.

광자 무슨 말씀이신지요.

아인슈타인 여기 전하가 하나 있다고 하고, 그 전하를 중심으로 전장(electric field)을 생각하는 거지. 이 전장은 무한히 펼쳐져 있고 다른 전장과 만나면 상호작용을 한다고 보는 거야.

광자 그럼 떨어져 있는 전하들이 전장을 통해서 서로를 알아보는 셈이네요.

아인슈타인 그런데 1864년에 영국의 맥스웰이 대단히 중요한 발견을 했어.

광자 7장에서 기체 분자의 속도 분포를 연구한 맥스웰을 들어보았는데 같은 맥스웰인가요?

아인슈타인 맞아, 팔방미인이었지. 맥스웰은 전장과 자장이 바뀌면 계속해서 전장의 변화는 자장을 만들고, 또 자장의 변화는 전장을 만들면서 광속으로 전파해나간다는 이론을 발표했어.

광자 빛도 전자파의 일종이라는 말이 그 말이군요.

아인슈타인 그렇지. 그런데 그러고 보니 공간이 빈 공간이 아니라 에테르로 채워져 있다면 빛의 전파를 설명할 수 있겠다는 생각이 들었지. 에테르에 전하를 하나 집어넣는다면 어떤 일이 일어날까?

광자 물에 조약돌을 떨어뜨리면 물이 자리를 내어주어야 하니까 옆으로 밀리면서 물결을 일으키듯이, 전하에 의해서 에테르가 뒤틀리겠지요.

아인슈타인 맥스웰은 빛은 이러한 에테르의 뒤틀림이 전파되어 나가는 것이라고 설명했지.

마이컬슨-몰리의 실험

광자 잠깐만요. 이건 좀 다른 이야기지만요, 어떤 사람들은 마치 선생님이 모든 것은 상대적이다, 즉 절대적인 것은 없다는 것을 증명하신 것처럼 말하는데 사실인가요?

아인슈타인 어떻게 보면 그 반대지. 나의 관심은 절대적인 것은 무엇인가에 있었고, 그것을 찾다 보니 뉴턴이 생각했던 대로 시간과 공간, 그리고 질량은 절대적인 것이 아니라는 것을 발견한 거야.

광자 그럼 절대적인 것은 무언가요?

아인슈타인 빛의 속도지. 진공에서 매초 30만 킬로미터를 진행하는 빛은 관찰자의 운동에 관계없이 일정하다는 말이야.

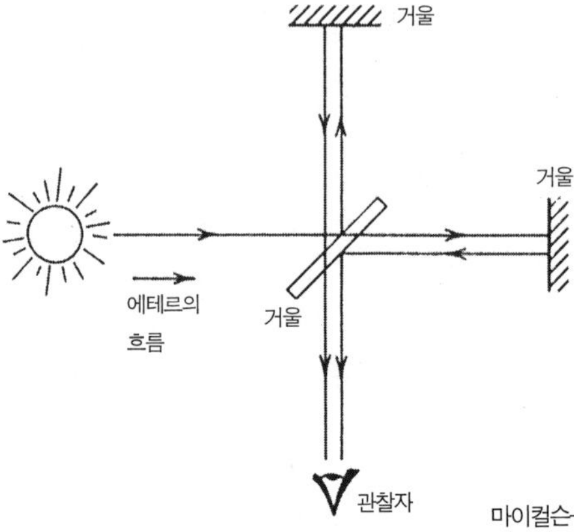

마이컬슨-몰리 실험

광자 자전거를 타고 빛의 속도로 움직이는 소년 아인슈타인에게도, 길가에서 그걸 지켜보는 사람에게도 광속은 똑같다는 말씀인가요?

아인슈타인 그래.

광자 광속이 일정하다는 무슨 단서라도 있나요? 아니면 선생님이 일방적으로 그렇게 가정하신 건가요?

아인슈타인 역사적으로 중요한 마이컬슨-몰리(Michelson-Morley) 실험이 있어.

광자 바로 그 에테르를 검출하려고 했다는 실험 말이지요?

아인슈타인 맞아. 그 유명한 맥스웰까지 에테르를 믿었는데 그렇다고 무슨 실험적인 증거가 있는 것은 아니었거든. 그래서 젊은 미국인 마이컬슨과 몰리가 나선 거야.

광자 어떤 실험을 해서 에테르의 존재를 확인하려고 했나요?

아인슈타인 만일 지구가 에테르에 감싸여서 돌고 있다고 하면 지구가 도는 것과 반대 방향으로 에테르의 흐름이 생길 테고, 그렇다면 지구가 도는 방향과 그에 수직 방향의 광속은 다를 것이라고 생각했어.

광자 강을 따라 헤엄치는 것과 강을 건너는 것과는 속도가 다르겠지요.

아인슈타인 그래서 빛을 지구가 자전하는 방향과 그에 수직 방향으로 동시에 내보내고 그로부터 같은 거리에 위치한 두 개의 거울에 반사되어 돌아오게 한 후에 그 왕복 운동에 걸리는 시간의 차이를 측정했지.

광자 도달하는 시간의 근소한 차이를 어떻게 측정할 수 있지요?

아인슈타인 마이컬슨은 간섭계라는 장치를 고안했어. 지금도 마이컬슨 간섭계(Michelson interferometer)는 분광기 등에 중요한 부분으로 사용되지.

광자 그래서 마이컬슨은 에테르를 확인했나요?

아인슈타인 그게 아주 중요한 점인데, 마이컬슨은 두 방향으로 광속의 차이가 전혀 없다는 사실을 발견했지.

광자 무언가가 없다는 것도 중요한가요?

아인슈타인 그야 없는 것을 애초에 있다고 생각했다면 중요하지. 마이컬슨은 1881년에 독일에서 해군에 근무하는 동안 첫 번째 실험을 했고, 1887년에는 클리블랜드의 케이스웨스턴 대학의 몰리 교수와 함께 20배 정도 정밀도가 높은 장치로 실험을 했는데 역시 아무런 차이를 찾아내지 못했어. 그 후 몰리와 다른 여러 사람이 지구의 여러 다른 위치에서 보다 정교한 장치로 측정을 했지만 결과는 마찬가지였지.

광자 듣고 보니 절대적인 광속을 측정한 것은 중요한 일이군요.

아인슈타인 그러니까 마이컬슨에게 1907년 노벨 물리학상이 주어졌지.

광자 그리고 그 결과는 특수 상대성 이론의 중요한 단서가 되었군요.

시간의 팽창과 길이의 수축

광자 특수 상대성 이론에 따르면 광속에 가까운 속도로 움직이는 경우에 시간은 길어지고, 길이는 짧아지고, 질량은 증가한다고 하는데 우선 시간의 팽창을 설명해주시겠어요?

아인슈타인 역시 우리가 흔히 경험하는 일이 아니기 때문에 설명하기가 쉽지는 않지만 하여튼 해보세. 여기 기차가 있는데 이 기차 안에 순간적으로 빛을 위쪽으로 내보내고 그 빛이 천장에 있는 거울에 반사되어 되돌아오는 것을 측정해서 시간을 재는 시계가 있다고 해. 물론 기차가 정지해 있는 경우에 빛은 수직으로 올라갔다가 반사되어 수직으로 내려오겠지. 그런데 이 기차가 한 방향으로 움직인다면 어떻게 될까?

광자 빛이 수직으로 올라갔다가 반사되어 수직으로 내려왔다면 시계는 이미 그 자리를 떠났을 테지요.

아인슈타인 맞아. 그래서 수평으로 이동한 시계가 보는 빛은 기차가

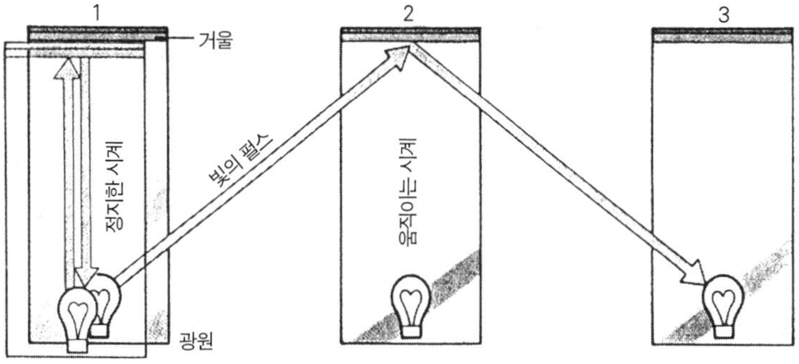

시간의 상대성

가는 방향으로 어떤 각도를 가지고 천장을 향해 올라갔다가 반사되어 같은 각도를 가지고 시계로 내려온 빛이지. 이때 기차 밖에 서 있는 관찰자가 볼 때는 이 빛이 진행한 거리가 기차가 정지한 경우와 같을까 다를까?

광자 그야 당연히 더 긴 거리를 진행해야 되겠지요.

아인슈타인 자, 여기서 두 가지 가능성이 생기지. 만일 기차가 달리는 경우에 기차 속에서 광속이 빨라진다면 시계가 측정하는 시간은 같아질 수도 있겠지.

광자 긴 거리를 더 빨리 달리니까요. 그리고 직관적으로 생각하면 비행기가 뒤쪽에서 바람을 받으면 연료비가 절약되듯이 달리는 기차에서도 광속이 증가할 것 같은데요. 물론 그 영향은 기차의 속도가 광속에 가까워야 눈에 띄겠지만요.

아인슈타인 그런데 중요한 것은 마이컬슨과 몰리가 증명한 대로 직관과는 달리 광속은 물체의 운동에 관계없이 일정하다는 점이야.

광자 그렇기 때문에 광속에 가깝게 운동하는 경우에는 시간이 느려진다는 말이군요. 이제 이해하겠어요.

아인슈타인 그럼 쌍둥이 형제 중에서 형이 광속에 가까운 속도로 우주 여행을 하고 돌아왔더니 동생이 팍 늙어 있더라는 이야기도 납득이 가겠군.

광자 네.

아인슈타인 그와 관련해서 길이도 운동 방향으로 수축한다는 것도 중요한 결론이야. 길이의 수축은 사실 로렌츠(Lorentz)가 마이컬슨-몰리의 실험을 설명하기 위해 도입했지. 어떻게 보면 내가 한 일은 로렌츠, 푸앵카레, 마하 등의 생각을 논리적으로 체계화해서 특수 상대성 이론으로 정리한 거야. 아무튼 이렇게 시간과 공간이 뒤얽혀 있기 때문에 공간-시간(space-time)이라는 4차원이 도입되었어.

질량도 변한다

광자 특수 상대성 이론의 중요한 결론은 $E=mc^2$로 표현되는 질량과 에너지의 변환이라고 하던데요. 어떻게 그런 결론에 도달하셨나요?

아인슈타인 어떤 물체에 일정한 힘을 계속 가한다고 생각해보게. 어떤 일이 일어날까?

광자 힘을 가하면 가속도가 붙게 마련이지요.

아인슈타인 무한정 속도가 증가할까?

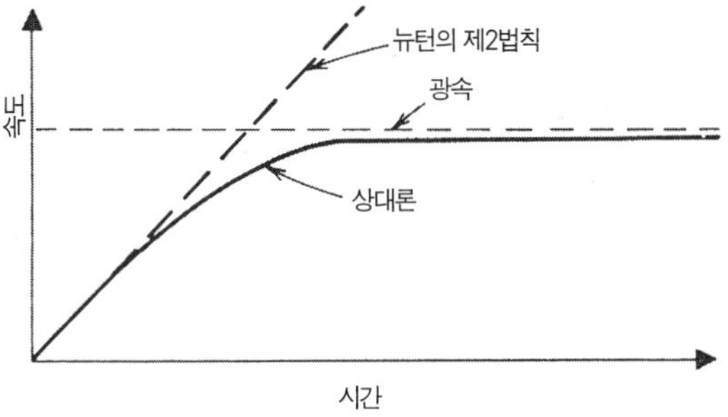

속도의 상한과 질량의 상대성

광자 빛이나 물체나 광속도를 초과할 수 없다는 것이 중요한 전제이니까 그럴 수는 없다고 보아야겠지요. 그러니까 광속도에 접근할수록 가속도는 줄어들겠네요.

아인슈타인 그럼 f=ma의 관계를 유지하려면 어떤 일이 일어날까?

광자 f가 일정한데 a가 줄어들면 m이 늘어날 수밖에요.

아인슈타인 그런데 운동 에너지를 생각해보게.

광자 운동 에너지는 $mv^2/2$로 주어지지요.

아인슈타인 뉴턴 역학에서는 힘이 가해지면 어떻게 운동 에너지가 증가하나?

광자 아, 무슨 말씀을 하시려는지 알았어요. 우리 주위에서는 힘이 가해지면 속도가 증가하기 때문에 운동 에너지가 증가하는데, 광속도에 가까운 속도로 운동을 하면 속도에 제한이 생기는 대신 질량이 증가하는 식으로 운동 에너지가 증가하게 되는군요.

아인슈타인 중요한 것은 나는 운동을 하지 않는 물체의 정지 질량(rest mass)까지도 에너지의 한 형태라고 본 거야.

광자 핵반응에서 정지 질량의 차이가 에너지로 나오는 것을 보면 확인이 되지요.

아인슈타인 화학 반응에서는 질량이 불변한다고 하던데 그건 왜 그런가?

광자 그야 발생하는 에너지가 작기 때문이겠지요.

아인슈타인 화학 반응에서도 핵반응 정도의 에너지가 나온다면 그것도 큰 문제겠지.

비상대성 원리?

광자 결국 선생님은 광속은 절대적이라는 사실로부터 시간, 길이, 질량은 모두 상대적이라는 결론을 도출하셨군요.

아인슈타인 상대성 이론이라는 이름은 남들이 붙인 것이고, 사실 나라면 비상대성 이론이라고 이름붙이겠네. 이미 늦었지만 말이야. 왜냐하면 나는 우주의 절대적인 것이 무엇인가에 관심이 있었고, 광속은 절대적이라는 것이 특수 상대성 이론의 중심에 위치하니까. 나머지는 논리적인 귀결일 뿐이고.

광자 마이컬슨-몰리의 실험에서 그런 결론을 도출하는 데는 아인슈타인이 필요했을 뿐이라고 말해도 좋을까요?

아인슈타인 구태여 부정은 하지 않겠네.

광자 재미있는 이야기를 할 때는 시간이 수축하는 것 같군요.

아인슈타인 광자는 응용력이 대단하군.

16장

중력은 시공간을 휘게 한다

"정치는 순간적인 것이나, 수식은 영원한 것이다."

—아인슈타인

관성 질량과 중력 질량

광자 선생님께서는 1905년에 특수 상대성 이론을 발표하신 후에 1916년까지 일반 상대성 이론에 매달리셨다고 들었는데, 두 가지 이론의 중요한 차이가 뭔가요?

아인슈타인 앞장에서 다룬 상대성의 내용은 관성계에서만 적용되는 법칙인데, 나는 10년 동안 물체나 빛에 관한 상대성이론을 가속도가 작용하는 비관성계에 적용하려고 했지.

광자 특수 상대성 이론에서는 마이컬슨과 몰리의 실험이 중요한 배경이 되었는데, 일반 상대성 이론의 발전에는 어떤 배경이 있었나요?

아인슈타인 나는 뉴턴의 제2법칙에 나오는 관성 질량(inertial mass)과 만유인력의 법칙에 나오는 중력 질량(gravitational mass)

이 완전히 같은가 다른가 하는 점에 대해 깊이 생각하게 되었지.

광자 질량이면 당연히 같은 질량이 아닌가요?

아인슈타인 그렇게 간단히 생각할 문제가 아니지. 두 가지는 완전히 다른 방법으로 측정되는 양이니까 혹시 다를 수도 있지 않나 의문을 품어보아야지.

2차 대전 후 초대 이스라엘 대통령직을 사양한 아인슈타인

광자 관성 질량은 제가 야구공을 얼마만한 힘으로 던졌을 때 얼마만한 가속도를 가지게 될지를 결정해주는, 즉 관성이 얼마나 큰가를 말해주는 양이고, 중력 질량은 제가 같은 야구공을 높은 빌딩에서 떨어뜨렸을 때 지구에 의해 얼마만한 힘을 받는지를 결정해주는 양이니까 과연 꼭 같을지 의문이 드네요. 그런데 혹시 실험적으로 두 가지 양이 같은지 다른지 알아보려고 시도를 안 했나요?

아인슈타인 아닌게아니라 여러 사람이 시도를 했지만 매번 똑같은 값을 얻었어.

광자 관성 질량과 중력 질량은 똑같다? 갑자기 왜 그럴까 하는 의문이 드네요.

아인슈타인의 등가 원리

중력과 가속도의 등가

아인슈타인 그래서 나는 가속도와 중력은 깊은 관련이 있다, 나아가서는 중력과 그에 상응하는 가속도와는 전혀 구별할 수 없다는 소위 등가 가설(Einstein' s equivalence postulate)을 내놓았지. 나중에는 등가 원리로 알려졌지만.

광자 좀 이해하기 쉽게 설명해 주실 수 없을까요? 상대성 하면 우선 겁부터 먹거든요.

아인슈타인 무중력 상태의 우주 공간에서 사방이 둘러쌓인 우주선 안에 서 있다고 생각해봐. 어떤 느낌일까?

광자 중력이 없으면 몸이 둥둥 뜨겠지요.

아인슈타인 그러다가 우주선이 움직이기 시작해서 일정한 속도로 위로 올라간다고 생각해봐. 물론 우주 공간에서는 위아래의 구별이 없겠지만 어떤 순간에 광자의 머리 방향을 위라고 해두지. 이 경우에는 어떤 느낌을 받을까?

광자 물론 나중에 일정한 속도가 되었을 때는 가속도는 제로니까 힘도 제로지만, 처음에 어떤 힘에 의해서 우주선이 움직이기 시작할 때는 위쪽으로 가속도가 붙는 거지요.

아인슈타인 우주선은 느낌은 없을 테고, 광자는 무얼 느낄까?

광자 제 몸은 반작용에 의해 아래쪽으로 힘을 받으니까 발바닥에 느낌이 오겠지요. 결국 아래 방향으로 가속도가 작용하는 격이네요.

아인슈타인 이때 우주선의 가속도의 크기가 중력가속도의 크기와 똑같다면 광자는 갑자기 내가 지구로 돌아와서 엘리베이터 안에 서 있는 게 아닌가 하는 생각이 들 거야.

광자 발이 느끼는 힘이 지구에서 엘리베이터 안에 서 있을 때의 느낌과 똑같겠지요.

아인슈타인 아래쪽으로 받는 힘은 사실 가속도에 의한 반작용인지 중력에 의한 것인지 전혀 구별이 안 되지. 그리고 그런 가공의 힘의 크기는 광자의 질량에 관계되겠지. 어때, 이제는 등가 원리가 이해되겠지?

광자 좀 알 것 같아요. 가속도와 중력이 근본적으로 구별이 안 된다면 관성 질량과 중력 질량이 같은 것은 당연하겠군요.

빛은 중력에 의해 휜다

아인슈타인 그럼 이제는 등가 원리가 어떻게 빛에 적용되는가를 생각해보세.

광자 빛은 질량이 없잖아요.

아인슈타인 그러니까 더욱 흥미있는 거야. 아까와 마찬가지로 우주

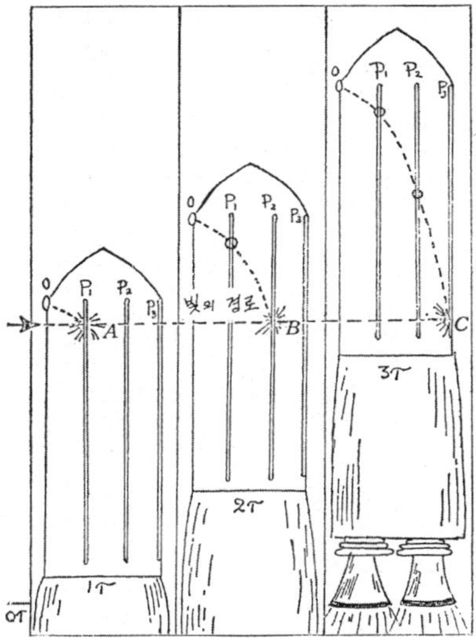

중력에 의해 휘는 빛

공간에서 우주선이 가속되는 경우를 생각해보지. 우주선 안에 일정한 간격으로 빛을 검출할 수 있는 형광판을 장치해놓고 우주선의 위쪽에서 반짝하고 빛을 내보냈다고 해봐.

광자 잠깐만이요. 형광판이 뭘 하는 거지요?

아인슈타인 참, 그 얘기부터 해야겠군. 형광이란 어떤 물질이 빛을 받아서 원래보다 약간 긴 파장의 빛을 나타내는 거야.

광자 그러니까 형광판은 빛을 검출하는 장치라고 보면 되겠군요.

아인슈타인 그렇지. 자, 광원에서 가까운 첫 번째 형광판의 경우에는 위쪽에서 반짝 하고 형광이 나타나겠지. 그 다음 판에서는 어느 부분이 형광을 낼까?

광자 빛이 두 형광판 사이를 진행하는 동안 우주선은 가속을 하고 있으니까 두 번째 형광판에서는 첫 번째보다 좀 아래에서 형광이 나타나겠군요. 그 다음에는 더 아래, 더 아래 이런 식이 되겠네요.

아인슈타인 형광판을 일정한 간격으로 여러 개 설치하고 형광이 나타난 위치를 표시한다면 어떤 모양이 될까?

광자 우주선이 일정한 가속도로 움직인다면 포물선(抛物線)이 얻어지겠네요.

아인슈타인 포물선의 의미는 뭔가?

광자 아마 물체를 포기(抛棄), 즉 던졌을 때 떨어지면서 그리는 선을 말하는 거겠지요.

아인슈타인 결국 빛이 포물선을 그리면서 휜다는 것과 광자를 앞으로 던졌을 때 중력에 의해서 포물선을 그리면서 떨어지는 것 사이에는 등가 원리가 적용되는 셈이지.

광자 그래서 빛이 중력에 의해서 휜다는 말이 나오는 거군요.

아인슈타인 일반 상대성 이론의 중요한 결론이지.

별빛의 휨을 확인한 에딩턴

광자 일반 상대성 이론의 타당성은 관찰에 의해 입증이 되었나요?

아인슈타인 일반 상대성 이론이 처음 성공을 거둔 것은 수성 궤도의 세차 운동(precession)을 설명한 것이었지. 오래전부터 수성이 태양 주위를 도는 타원 궤도는 다른 행성들의 중력에 의해

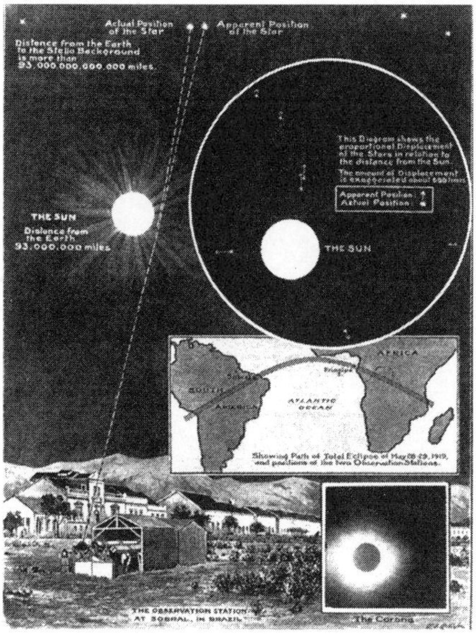

세계적으로 센세이션을 일으킨 태양의 중력에 의한 별빛의 휨 관찰

영향을 받는 것으로 알려져 있었는데, 그 효과가 뉴턴 역학으로부터 계산한 값과 약간 차이가 있었거든.

광자 약간의 차이라면 얼마만한 차이를 말씀하시는 건가요?

아인슈타인 좀 어려운 이야기지만 궤도의 장축이 1세기에 각도로 43초만큼 세차 운동을 한다고 해두지.

광자 43초라면 1도도 안 되는 작은 각도네요.

아인슈타인 그래서였겠지만 일반 상대성 이론이 그 문제를 해결했다는 데 대해서는 사람들이 별로 관심을 가지지 않았어. 그러다가 빛이 중력에 의해 휘는 것이 확인되면서 크게 관심을 끌게 되었지.

광자 누가 그런 관찰을 했나요?

아인슈타인 내가 일반 상대성 이론을 발표한 게 1916년이었고, 그 후 세계의 일류 과학자들이 빛의 휨을 실험적으로 확인하려고 노력을 기울였는데 마침 1919년에 개기일식이 있었지. 그때 상대성 이론을 잘 이해하고 있었던 영국의 유명한 천문학자 에딩턴 경(Sir Arthur Eddington)이 아프리카의 기니아로 관측팀을 보내서 내 이론을 입증해준 거야.

광자 왜 개기일식 때에만 관측이 되나요?

아인슈타인 태양의 중력에 의해 휘는 효과를 보려니까 일단 지구의 관측자 입장에서 볼 때 태양의 뒤쪽에 있는 별에서 나오는 빛을 조사해야 되겠지.

광자 밤에는 태양이 지구의 반대쪽에 있으니 안 될 테고, 낮에는 별빛이 안 보이니 역시 안 되겠군요. 그래서 햇빛이 가려져서 별빛을 볼 수 있는 개기일식이 좋은 기회가 되었겠네요. 그런데 별빛이 정말 휘었는지 아닌지를 어떻게 알 수 있지요?

아인슈타인 항성들의 상대적인 위치는 고정되어 있지 않나?

광자 그렇지요. 아, 그러니까 항성들의 배경 그림이 기준이 되겠군요. 그래서 에딩턴은 실제로 별빛이 휘는 것을 관찰했나요?

아인슈타인 별빛이 휘는 것은 확실했는데 처음에는 그 휘는 정도가 내 이론이 예측한 값과 오차 범위 내에서 일치하는가 안 하는가로 논란이 좀 있었어. 그러나 그 후 보다 정밀한 관측이 많이 이루어져서 이제는 논란의 여지가 없어졌지. 최근에는 허블 우주 망원경으로 아주 멀리 있는 은하계에서 나오는 빛이 다른 은하계의 중력에 의해 휘는 효과도 볼 수 있어.

광자 아, 중력 렌즈(gravitational lens)라는 이야기가 그 이야기군요. 지금은 그런 식으로 잘 알려졌지만 에딩턴이 처음 중력 렌즈 효과를 발견했을 때는 상당히 놀랐겠네요?

아인슈타인 세계적인 센세이션을 불러일으켰지.

광자 다른 사람도 아니고 10년 전에 시간도, 길이도, 질량도 상대적이라고 해서 세상을 떠들썩하게 했던 아인슈타인이 또 충격적인 이론을 냈으니 그럴 만도 했겠지요.

아인슈타인 게다가 당시는 1차 대전이 막 끝난 시기였잖아. 그런 때에 독일의 물리학자가 낸 이론을 얼마 전까지만 해도 원수지간이었던 영국의 천문학자가 증명해준 결과가 되었으니까 세계적인 협조 분위기를 조성하는 데 한몫을 했지.

공간 자체가 휘었다

광자 아까 말씀하신 우주선 실험에서 빛이 중력에 의해 휘는 것처럼 보인다는 것과 실제로 에딩턴이 관측을 통해 빛이 중력에 의해 휘는 것을 확인했다는 점은 알겠는데요, 아직도 왜 빛이 그렇게 휘는지 이해가 잘 안 가요. 빛은 두 점 사이의 최단 거리를 따라 진행하는 성질이 있잖아요?

아인슈타인 빛이 중력에 의해 휘는 이유에 바로 일반 상대성 이론의 핵심이 들어 있지. 공간 자체가 휘었다는 것 말이야.

광자 제가 그 점만 어느 정도 이해할 수 있다면 제 친구나 동생에게 상대성 이론의 요점을 설명할 수 있겠지요?

아인슈타인 무얼 이해하고 있나를 알아보려면 중고등학생 수준의 언어로 설명할 수 있나를 보는 것이 좋지.

광자 공간이 휘었다는 것을 설명하는 데 좋은 비유는 어떤 게 있을까요?

아인슈타인 일반 상대성 이론은 가속도가 작용하는 비관성계를 다루니까 중력장 말고 다른 비관성계를 생각해보지. 혹시 아까 이야기한 차가 갑자기 감속을 하는 경우 이외에 가공의 힘을 느껴본 적이 있나?

광자 놀이터에서 비슷한 경험을 한 적이 있어요. 커다란 원형의 우주정거장 같은 방이 있는데, 애들이 벽에 등을 기대고 선 다음에 방 전체가 회전을 하게 되어 있어요. 처음엔 잘 몰랐는데

회전하는 원판 위에서의 최단거리 측정

점점 빨리 돌수록 등이 벽에 딱 달라붙더라구요. 나중에는 일정한 속도로 회전하는 데 그래도 몸이 떨어지지 않고 딱 붙어 있었어요.

아인슈타인 그때 누가 벽 쪽에서 잡아당기던가?

광자 그런 건 아니던데요. 제가 갑자기 브레이크를 밟았을 때도 누가 선생님을 앞에서 잡아당긴 건 아니잖아요?

아인슈타인 그럼 이 경우에도 가공의 힘이 작용한 게 틀림없군.

광자 그렇게 보아야겠군요. 다시 말해서 비관성계라는 이야기인데 그렇다면 가속도가 작용해야 하는 게 아닌가요? 일정한 속도로 회전할 때도 틀림없이 힘을 느꼈는데요.

아인슈타인 속도에는 크기와 방향이 있다는 것을 잊었나?

광자 참, 그렇지요. 속도는 벡터(vector) 양이지요. 일정 속도로 회전하는 경우에도 힘의 방향은 계속 바뀌는군요.

아인슈타인 자, 그럼 빠른 속도로 회전하는 원판을 생각해보세. 이 원판의 가장자리 위의 두 점 사이를 잇는 최단 거리를 재려면 어떻게 해야 할까?

광자 역시 자를 쓰면 편하겠지요.

아인슈타인 그럼 자를 가지고 A와 B 사이의 거리를 잰다고 해보세. 그런데 여기서 잊지 말아야 할 것은 나의 특수 상대성 이론에 따르면 운동하는 물체의 길이는 운동하는 방향으로 수축한다는 점이야.

광자 자의 길이가 일정하지 않다는 말씀을 하시려는 것 같은데요.

아인슈타인 역시 광자는 두뇌 회전이 빠르군.

광자 회전이라는 단어는 잠시 사용 중지하시는 것이 어떨까요?

아인슈타인 하하, 혼동할 우려가 있나? 아무튼 중요한 점은 원판이 회전하면 자의 길이가 짧아진다는 거야. 그런데 그런 효과는 원판의 중심과 바깥쪽 중에서 어느 쪽이 더 클까?

광자 그야 당연히 선속도가 더 큰 바깥쪽이겠지요.

아인슈타인 그럼 원주를 따라서 A와 B 사이의 거리를 잰다고 할 때 원판이 광속에 가까운 회전 운동을 한다면 그 거리는 정지 상태에서 측정한 값보다 상당히 긴 것으로 나오겠지?

광자 자가 짧아졌으니까 당연히 그렇겠지요. 제가 또 한 번 넘겨짚어볼까요?

아인슈타인 좋아. 틀려도 좋으니까 생각을 말로 정리해서 표현하는 것이 좋지.

광자 정지 상태에서 A와 B 사이의 최단 거리는 물론 직선이겠지요. 그러나 원판이 회전할 때는 자의 길이가 줄어드는 효과는 중심에서 멀어질수록 클 테니까 A와 B 사이의 최단 거리는 직선이 아니고 중심 쪽으로 휘어진 곡선이 되어야지요.

아인슈타인 아주 좋았어.

광자 그런 의미에서 중력 작용하에서는 공간이 휜다고 말할 수 있는 거군요.

아인슈타인 정확히 이야기하면 3차원 공간이 휘는 것이 아니고 4차원 시공간이 휘는 거지.

광자 그럼 별빛이 중력에 의해 휜다기보다는 별빛은 중력에 의해 휘어진 공간을 따라 직진하는 셈이네요. 마치 물줄기는 도랑을 따라가듯 말이에요.

아인슈타인 아주 좋은 표현이야.

일반 상대성 이론과 우주론

광자 그런데 일반 상대성 이론이 시간과 공간의 구조를 다룬다면 좀 거창한 얘기지만 궁극적으로 우주 전체의 구조와도 관계가 있을 것 같은데요?

아인슈타인 일반 상대성 이론에 입각해서 우주 전체를 서술하는 소위 아인슈타인 방정식(Einstein's equation)이라는 게 있지.

광자 1장에서 허블 선생님이 1922년에 르메트르가 팽창하는 우주의 해를 얻었다고 이야기했어요.

아인슈타인 그뿐 아니라 우주 역사 초기의 우주의 온도도 계산이 가능하지. 요즘 소위 표준 모형에서는 이를 기초로 빅 뱅 순간에 에너지와 질량의 변환과 기본 입자들의 생성을 설명하고 있어.

광자 에너지와 질량의 변환이라면 이번에는 특수 상대성 이론이 관계되네요.

아인슈타인 우주의 형성과 진화 과정을 서술하는 데는 특수 상대성과 일반 상대성 이론이 다 동원되지.

광자 뉴턴의 업적도 위대하지만 선생님의 상대성 이론은 정말로 우주 전체에 미치는 포괄적인 의미가 있는 것 같군요. 같은 인간으로서 인간의 지성에 고개를 숙이고 싶습니다.

아인슈타인 우리는 감추어진 우주의 신비의 한귀퉁이만을 들춰보고 있는 게 아닐까 생각되네만.

인공위성과 상대성 이론

광자 생각을 다시 우리 주위로 돌려보지요. 일반 상대성 이론이 우리 주위에서 적용되는 예는 어떤 게 있을까요?

아인슈타인 아까 수성의 궤도가 행성들의 중력에 의해 영향을 받는다고 했는데 마찬가지로 인공위성의 궤도에도 일반 상대성 이론에 따라 수정이 가해져야 하지.

광자 실제로는 아주 작은 수정이리라 생각되는데요, 그런 게 필요한가요?

아인슈타인 인공위성의 위치를 아주 정확하게 알아야 할 경우에는 그렇지. 원래는 군사적인 목적으로 개발되었지만 다양한 가능성을 지닌 위성항법장치(Global Positioning System, GPS)라는 게 있어. 인공위성과 지상의 물체 사이에 레이저나 다른 전자파를 주고받아서 위치를 정확히 알아내는 방법인데 1991년 걸프전에서도 사용되었지.

광자 광속으로 진행하는 전자파를 이용한다면 위치뿐만 아니라 시간의 정확한 측정도 중요할 것 같은데요.

아인슈타인 아닌게아니라 그래서 인공위성의 시간에는 특수 상대성 이론에 따라 수정이 가해지지. 아무튼 GPS는 아주 작은 움직임의 측정도 가능하기 때문에 다른 방법으로는 어려운 지구 표면의 움직임을 관찰하는 데도 아주 유용하지.

광자 상대성 이론은 우주론 같은 원초적인 문제부터 핵반응이나 GPS 같은 실제적인 문제에까지 골고루 적용이 되는군요. 상대성 이론에 대해 대체적인 이해를 가질 수 있게 도와주셔서 감사합니다.

아인슈타인 나도 젊은이와 이야기를 나누니 젊어진 기분이네. 그것도 상대성인가?

17장

지구의 표면은 항상 움직이고 있다

"높은 산에서 조개 껍데기를 본 일이 있는데 아마도 돌 속에서 온 것 같다. 그 돌은 다름 아닌 옛날 흙이고 조개는 물 속에서 사는 생물인즉 낮은 데가 변하여 높아졌고 연한 물질이 변하여 단단하게 된 것이다."

—주자

높은 산의 조개 껍데기

광자 베게너 선생님, 안녕하세요. 얼마 전에 텔레비전에서 약 5억 년 전에 한반도는 적도 부근에 있었다는 흥미로운 프로그램을 보고 궁금해서 책을 좀 찾아보았더니 대륙이동설이라는 게 있더군요. 선생님께서 처음으로 대륙이동설을 주장하신 것으로 되어 있어서 이렇게 찾아뵈었습니다.

베게너 잘 왔네. 내가 1915년에 대륙이동설을 내놓았을 때는 있을 수 없는 일이라면 아무도 믿지를 않더니만 이제는 정설이 된 모양이더군.

광자 '동해물과 백두산이 마르고 닳는다'는 것은 믿을 수 있지만 백두산이 적도에서 옮겨와서 유라시아 대륙에 붙었다거나 하면 믿기 어렵지요.

베게너 그야 지동설을 믿기 어려웠던 거나 유사한 정황이지.

광자 자세한 말씀은 차차 듣기로 하고 우선 지구 표면이 어떻게 변화하는지에 대한 옛날 사람들의 생각을 알고 싶은데요.

베게너 기원전 560년경에 활동했던 그리스의 크세노파네스(Xenophanes)는 산에서 조개 껍데기라든가 어류의 화석이 나오는 것을 보고 기이한 생각이 든다는 기록을 남겼지.

광자 중국의 주자는 1200년경에 "높은 산에서 조개 껍데기를 본 일이 있는데 아마도 돌 속에서 온 것 같다. 그 돌은 다름 아닌 옛날 흙이고 조개는 물 속에서 사는 생물인즉 낮은 데가 변하여 높아졌고 연한 물질이 변하여 단단하게 된 것이다"라고 했다더군요.

베게너 한때 바다 밑바닥이었던 땅이 지각의 변동으로 산이 되었다는 올바른 이해를 보여주는 해양생물의 화석에 관한 최초의 정확한 해석이 아닐까 싶네. 비슷한 때 서양에서는 산에서 해양생물의 화석이 나오는 것은 노아의 홍수 때 범람이 일어나서 나타난 현상이라고 생각했으니까.

근대 지질학 이전

광자 지동설의 경우에는 성서에 대한 맹목적인 신앙 때문에 많은 갈등이 있었다고 들었는데 지질학에 관련해서는 그럼 문제가 없었나요?

베게너 왜 없었겠나. 유명한 이야기로 아일랜드의 대주교였던 어셔(James Ussher, 1581-1656)는 창세기에 나오는 사람들의 죽은 나이를 합해서 천지창조는 기원전 4004년 10월 23일에 일어났다고 주장하고 성경에 주석으로 집어넣기까지 했어. 그 후로 약 1세기 동안은 지구가 6000년 이상되었다는 생각은 이단으로 몰렸지. 그런데 지질학의 연구 결과 지구의 나이가 어셔가 계산한 천지의 나이보다 엄청나게 많았으니까 갈등이 일어날 수밖에.

광자 실제로 갈릴레오같이 혼쭐이 난 사람도 있었나요?

베게너 1670년에 프랑스의 박물학자인 팔리시는 지구 표면의 침식이 상당히 빨리 진행되는 것을 지적하고 육지가 언젠가는 사라질 것이라고 말했다가 신의 피조물을 모독하는 발언으로 몰렸어.

광자 한동안은 지구에 대해 언급하는 것을 자제했겠군요.

베게너 그러는 중에도 덴마크의 스테노(Nicolaus Steno, 1638-1686)는 퇴적물의 층을 조사하면 지구의 역사를 알 수 있다는 선구적인 생각을 했지.

광자 다른 선구적인 생각은 어떤 것이 있었나요?

베게너 18세기 중반에 뷔퐁(Georges Buffon, 1707-1788)은 지구는 태양에서 찢겨져 나온 덩어리이고 달은 마찬가지로 지구에서 찢겨져 나온 덩어리라는 생각을 했지. 그리고 뷔퐁은 냉각 속도로부터 지구의 나이가 7만 5천 년 정도일 거라고 추정했어.

광자 6천 년보다는 훨씬 길군요. 지구는 태양에서, 또 달은 지구에서 찢겨져 나왔다는 생각은 태양계 전체가 같은 원료로 출발했다는 성운 가설과 통한다는 점에서 일리가 있네요. 그리고 실제로 지구가 완전히 식기 전에 커다란 소혹성의 충돌로 일부가 떨어져나가서 달이 되었다는 설이 있잖아요?

베게너 그럴 듯한 설이지. 그런가 하면 벤저민 프랭클린은 오랜 관찰을 통해서 대륙은 유체 위에 떠 있는 것이라고 말했어.

광자 그거야말로 아주 중요한 생각이군요. 대륙이 이동하는 이유도 결국은 여러 개의 지판(plate)으로 나누어진 대륙이 맨틀 대류에 의해서 마그마라는 유체 위에 떠다니기 때문이잖아요.

베게너 그렇지.

제일설과 천변지이설

광자 지금까지 말씀하신 내용들은 상당히 단편적이고 추론에 그치는 듯한데 본격적인 지질학은 어떻게 시작되었나요?

베게너 흔히 1785년을 근대 지질학의 원년으로 잡지. 그 해는 스코틀랜드의 제임스 허튼(James Hutton, 1726-1797)이 에딘버러 왕립학회에서 지구의 나이와 역사에 관한 새로운 이론인 '지구론(Theory of the Earth)'을 발표한 해거든.

광자 무슨 중요한 생각을 발표한 모양이군요.

베게너 허튼은 스코틀랜드의 퇴적층을 자세히 조사했는데, 그로부터 지구의 표면은 침식되어 퇴적하고, 가열된 후 습곡을 통해 새로운 지형을 이루고 다시 침식된다고 하는 순환하는 지구를 생각했지. 다시 말해서 과거에도 지금이나 똑같은 과정이 일어났다, 따라서 지금 일어나는 일을 보면 과거의 일을 알 수 있다고 주장한 거야(The present is the key to the past).

광자 그러니까 과거는 현재 플러스 시간이란 말이군요.

베게너 적절한 표현이지. 허튼은 퇴적물이 쌓이는 속도를 보아서 지층의 나이를 추측했는데 퇴적층의 두께를 보면 지구의 나이는 적어도 수십만 년은 될 거라고 주장했고, 적어도 "시작의 흔적은 발견할 수 없다"라고 말했지. 허튼의 생각은 라이엘(Charles Lyell, 1779~1875)에 의해 발전되었는데 그들의 생각의 요점은 현재 일어나고 있는 느린 침식과 퇴적 작용 같은 지질학적 과정이 과거에도 그대로 일어났다는 것이야. 이런 가설을 제일설(齊一說, uniformitarianism)이라고 하지. 라이엘의 『지질학의 원리(Principles of Geology)』는 다윈의 진화론에도 큰 영향을 끼쳤어. 다윈은 비글 호로 여행하는 도중에도 이 책을 탐독했다니까.

광자 허튼의 생각대로 퇴적층이 오랜 세월에 걸쳐 이루어진다면 깊이 파고 들어갈수록 과거에 살았던 생물의 화석을 만나게 되겠네요. 위에 있는 지층이 새로 생긴 지층일 테니까요.

베게너 그렇지. 그런데 지금 생각하면 당연한 '지층누중(地層累重)의 원리(principle of superposition)' 도 당시에는 쉽게 받아들여지지 않았어.

광자 허튼의 생각에 상대되는 생각은 과거에는 지금과 다른 격변이 있었다는 것이겠군요.

베게너 천변지이설(天變地異說, catastrophism)이라고 하지.

광자 그 당시에는 어느 쪽이 더 인기가 있었나요?

베게너 천변지이설을 주장한 대표적인 사람으로 퀴비에(Georges Cuvier, 1769~1832)가 있었는데 노아의 홍수를 마지막의 천변지이로 생각했어. 광자 생각에는 어느 쪽이 인기가 있었을 것 같아?

광자 아마도 천변지이설이 노아의 홍수와도 맞아들어가고 해서 쉽게 받아들여지지 않았을까요? 그때만 해도 성서를 문자 그대로 해석해야만 한다고 믿었을 테니까요.

베게너 사실 그랬어. 퀴비에의 책은 인기리에 외국어로 번역도 되고 판을 거듭했지.

광자 새로운 생각은 그것이 아무리 진실에 가깝다 하더라도 받아들여지는 데는 시간이 걸리는 것 같아요.

베게너 그건 예나 지금이나 마찬가지지.

알렉산더 훔볼트

광자 선생님 이전에는 대륙 이동에 관한 어떤 생각들이 있었나요?

베게너 16세기 대항해 시대 이후에 세계 지도가 나오게 되었는데 그때 이미 아메리카 대륙과 아프리카 대륙이 유사한 모양을 하고 있다는 것을 깨닫기 시작했어.

광자 남아메리카의 동쪽 해안선과 아프리카의 서쪽 해안선이 거의 겹쳐지는 것 말이지요?

베게너 그 문제에 대해서 프란시스 베이컨(Francis Bacon, 1561-1626)은 "단순한 우연은 아닐 것이다" 정도로 이야기하고 그쳤지. 플라세라는 사람은 두 대륙은 노아의 홍수 때 나뉘었다는 주장을 펴기도 했고. 그러다가 베를린 출신의 훔볼트가 생물학과 지질학, 지리학을 접목하는 중요한 일을 해냈지. 훔볼트는 1799년부터 1804년 사이에 프랑스의 식물학자인 봉플랑(Bonpland)과 함께 중남미를 탐험하면서 6만 점의 식물을 수집하고 이들 자료를 지리학적 자료와 결부시켜서 생물지리학(biogeography)이라는 새로운 분야를 개척했어.

광자 교통 수단도 발달하지 않았을 텐데 고생이 많았겠군요.

베게너 둘은 5년 동안 약 1만 킬로미터 거리를 도보로, 말을 타고, 또는 카누로 여행했는데 아마존 정글에서부터 해발 6천 킬로미터가 넘는 안데스의 산꼭대기까지 아무 장비도 없이 탐험을 한 거지.

광자 대단한 열정이군요.

베게너 흥미있는 점은 어릴 때는 별로 공부에 재미를 못 붙인 훔볼트가 어느 시기에 갑자기 과학에 흥미를 느끼고 정신없이 광물과 식물의 수집과 분류에 매달렸다는 거야.

광자 역시 공부에 흥미를 느끼는 어떤 계기가 중요하군요. 그런데 생물지리학이 말하는 것은 생물학적으로 유사한 종이 발견되면 지리학적으로도 연관이 있다는 식의 이야기인가요?

홈볼트와 봉플랑

베게너 그렇지. 어때, 다윈과 월리스의 진화론이 서막 같은 느낌이 들지 않나?

광자 안 그래도 그 말씀을 드리려고 했어요. 다윈 선생님이 청년기에 훔볼트의 여행기를 읽고 크게 영향을 받았다고 들었거든요.

베게너 사실 훔볼트는 과학의 전 분야에 관심을 가지고 또 많은 업적을 남긴 요즘 세상에서는 찾아보기 힘든 만물박사였지.

광자 몇 가지 예를 들어주세요.

베게너 훔볼트는 지질학, 식물생리학, 동물 전류에 관한 생리학, 생태학, 기상학 분야에서 많은 업적을 이루었고, 게이뤼삭과 함께 공기의 성분을 연구했는가 하면, 지자기(geomagnetism) 연구의 중요성을 깨닫고 지구상의 여러 지역에 자기 관측소를 설치하는 일을 주도했어. 이것을 통해서 훔볼트는 지구상의 어느 지점의 자장이 어느 시기에 갑자기 급격히 변화하는 것을 발견하고 이것을 자기 폭풍(magnetic storm)이라는 이름을 붙였는데, 나중에 태양의 흑점이 발견되면서 둘 사이의 관계가 알려지게 되었어.

광자 광물의 자기 측정이 지각의 역사를 밝히는 데 중요하다던데요?

베게너 그 이야기는 아주 중요하니까 조금 있다가 자세히 하기로 하지. 훔볼트는 또 항해하는 곳마다 기온, 기압, 수온을 측정해서 등온선(isotherm), 등압선(isobar)이라는 개념을 발전시키고 훔볼트 해류를 발견하기도 했지. 그리고 76세에서 93세에 걸쳐서는 『우주(Kosmos)』라는 5부작을 저술해서 평생의 과학적 업적을 정리하는 한편, 과학 대중화의 도구로 삼았어. 베를린 대학 교수는 누구나 훔볼트의 강의를 들었다니까 인기를 짐작할 만하지.

광자 그 나이에 그 제목을 보니 과연 과학의 전 분야에 통달한 거인이었으리라는 짐작이 가는군요. 그쯤 되면 그냥 자연과학자라고 부르는 게 제일 적합하겠어요.

베게너 훔볼트 자신도 모든 자연 현상들 사이의 밀접한 상관관계를 강조했지.

광자 요즘도 그런 움직임이 있는데 훔볼트의 정신을 이어받는 셈이군요. 그런데 선생님도 훔볼트의 영향을 받으셨나요?

베게너 나도 베를린 출신이라고 말하는 것으로 대답을 대신할까? 사실 훔볼트는 아메리카와 아프리카가 연결되어 있었다는 여러 가지 증거를 제시했는데 이것이 나의 대륙이동설의 중요한 밑거름이 되었지.

광자 어떤 증거들인데요? 해안선이 겹친다는 것 이상의 증거가 있나 보지요?

베게너 훔볼트는 남아메리카 대륙의 몇몇 산맥은 동서로 뻗다가 동쪽 해안에서 끊기는 것 같지만 다시 아프리카 서해안에서 이어지는 것으로 보인다는 점을 지적했지. 또 양대륙이 연결되는 부분은 같은 지층으로 이루어졌다는 지질학적 증거도 제시했고.

광자 해안선이 겹친다는 정도라면 우연일 수도 있다고 하겠지만 훔볼트는 상당히 과학적으로 수긍이 가는 자료들을 증거로 삼았군요. 그럼 훔볼트도 선생님같이 아메리카와 아프리카가 한때는 붙어 있었다는 생각을 했나요?

베게너 그게 아쉬운 점이야. 훔볼트는 대서양은 양쪽 대륙이 침식에 의해 파인 골짜기에 노아의 홍수 때의 물이 고인 것이라고 생각했지.

광자 그래서 결국 베게너 선생님이 등장하게 되는군요.

판게아와 대륙이동설

베게너 사실은 20세기에 들어와서 베이커와 테일러 같은 사람들도 약 2억 년 전에 모든 대륙이 남극 대륙에 붙어 있다가 떨어져

나갔다는 가설을 내놓았어.

광자 그래도 대륙이동설 하면 선생님을 생각하게 되는 이유는 뭔가요?

베게너 글쎄, 아마 내가 제창한 판게아(pangaea)라는 가설이 나중에 맞는 것으로 판정이 났고, 판게아를 지지하는 많은 과학적인 자료를 제시했기 때문이 아닐까?

광자 판게아가 뭔지, 또 선생님은 어떻게 그런 가설을 만드셨는지 말씀해주세요.

베게너 사실 나는 지질학이나 생물학에는 문외한이었어. 1911년에 나는 마르부르크 대학에서 천문학과 기상학 강사를 하고 있었지. 그게 내가 서른한 살 때였는데 어느 과학 잡지에서 브라질과 아프리카가 옛날에는 연결되어 있었을 거라는 글을 읽게 되었어. 그때부터 그 문제에 달려들었지. 왜 그렇게 정신없이 매달렸는지 지금 생각하면 나도 모르겠어.

광자 그런 정열이 없이는 위대한 발견이 이루어질 수 없겠지요.

베게너 나는 1912년에 대륙이동설(theory of continental drift)을 제창했지. 지금 우리가 알고 있는 대륙들은 약 2억 5천만 년 이전에는 판게아라는 하나의 거대한 대륙으로 이루어져 있었는데 그 후 여러 개의 조각으로 나뉘고 이 조각들이 서서히 이동해서 지금의 위치에 오게 되었다는 이론이야.

광자 그러니까 훔볼트가 아프리카와 아메리카 대륙에 대해 제시한 것과 유사한 증거들을 모든 대륙들의 연결 관계를 설명하는 데 제시한 거군요.

베게너 1915년에 출간된 『대륙과 해양의 기원』에서 나는 100가지 이상의 사실을 제시했지.

광자 100가지 이상의 사실들로 여러 대륙들의 연결 관계를 보여주었다면 상당히 믿을 만하겠네요. 어떤 증거들을 제시하셨나요?

베게너(Alfred Wegener)

베게너 산맥의 형태나 빙하의 흔적뿐만 아니라 여러 종류의 화석의 분포 등을 보여주었지. 마치 신문지를 열 개 정도의 조각으로 찢어놓고 다시 끼워맞추는 셈인데, 떨어져나간 신문 기사들을 연결하면 훨씬 일이 쉬워질 뿐 아니라 연결 부분에 신빙성이 생기는 거지.

광자 해안선이 찢어진 부분에 해당하는군요. 판게아는 전체적으로 어떤 모양이 되나요?

베게너 북쪽으로는 유라시아 대륙과 북아메리카가 지금의 그린랜드를 사이에 두고 연결되어 있는데 이것을 로라시아(Rauracia) 대륙이라고 불렀지. 남쪽에는 남아메리카 동해안과 아프리카 서해안이 잘 들어맞고 아프리카의 동해안 쪽으로 남극대륙과 오스트레일리아 대륙, 그리고 인도 반도가 연결된 부분을 곤도와나(Gondowana) 대륙이라고 불렀어. 게다가 아프리카 대륙의 뒤통수 부분은 북아메리카의 동부 해안선에 잘 맞지.

광자 그래서 전체적으로 하나의 판게아가 되는군요. 아주 그럴 듯한데요. 그런데 그러고 보니 그 당시에 태평양은 있었는데 대서양은 없었다는 이야기가 되네요.

베게너 아주 좋은 지적이야. 나중에 이야기하겠지만 그 점은 현재의 대서양에 지구상에서 제일 큰 산맥이 남북으로 달리고 있다는 사실과 관계가 있지.

광자 붙어 있던 아프리카와 아메리카가 갈라지고 그 사이에 산맥이 자리잡고 있다면 누구라도 해양 지각에 거대한 융기가 일어나서 해양 산맥이 되었고, 아메리카와 아프리카 대륙이 밀려나간 자리에 대서양이 생겼다는 생각을 하게 될 테지요.

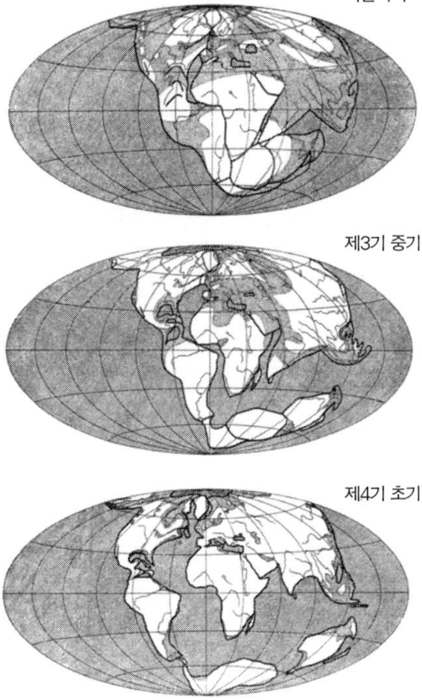

판게아의 분리

베게너 어때, 그럼 대륙 이동의 속도를 계산할 수 있을까?

광자 거리와 시간이 필요하지요.

베게너 남아메리카 동해안과 아프리카 서해안이 갈라지기 시작한 게 약 1억 5천만 년 전이라고 하고, 그 동안에 대서양 폭의 절반인 3천 킬로미터 정도를 이동했다고 하면 어떻게 되나?

광자 1년에 2센티미터 정도 이동한 셈이군요. 선생님 시대에 그 정도의 이동을 측정할 수 있었다면 선생님의 가설이 증명되는 건데 그랬군요.

베게너 요즘은 레이저와 인공위성 등을 동원하면 가능하다더군.

광자 그런데 선생님은 그런 대륙 이동의 원동력이 뭐라고 생각하셨나요?

베게너 광자가 내 아픈 곳을 건드렸어. 당시에는 지구 내부의 구조나 조성이 전혀 알려지지 않았기 때문에 대륙 이동의 이유를 설명할 수 없었지. 그러니까 자연히 사람들이 대륙 이동 자체를 믿지 않으려 들었고.

광자 누구에게나 새로운 이론이나 가설은 일단 믿지 않으려는 경향이 있는 것 같아요.

베게너 그걸 탓할 수는 없는 일이지. 남의 말을 너무 쉽게 따라가도 발전에 저해가 될 수 있으니까.

지구의 밀도

광자 그럼 오늘날의 입장에서 대륙 이동을 어떻게 이해할 수 있나를 설명해주세요.

베게너 그러자면 우선 지구 내부의 구조를 알아야 해. 그것에 대해서는 지구의 밀도가 중요한 단서가 되네. 지구의 밀도는 어떻게 측정할 수 있을까?

광자 암석의 밀도를 재면 되지 않을까요?

베게너 석회암의 밀도는 2.7 정도이지. 밀도가 높은 편인 감람석은 3.8 정도이고. 그런데 실제 지구 전체의 밀도는 5.4나 되거든.

광자 지구 전체의 밀도를 어떻게 잴 수 있지요?

베게너 중력가속도의 크기로부터 지구의 질량이 나올 테고 지구의 반경이 알려져 있으니까 지구의 밀도가 계산되겠지. 그럼 위 숫자의 차이는 무얼 말할까?

광자 암석은 지각의 성분이니까 깊이 들어가면 밀도가 높아진다는 이야기가 되겠지요. 하긴 중력에 의해 비중이 큰 물질은 중심으로 끌려들어갔을 테구요.

베게너 비중이 7.9인 철과 8.9인 니켈이 지구의 핵의 주성분이야.

광자 그럼 지구의 중심에는 쇳덩어리가 들어 있다는 말인가요?

베게너 그래. 엄밀히 이야기하면 반지름이 1,400킬로미터 정도인 중심의 내핵은 온도도 높지만 압력도 또한 높아서 고체 상태를 이루고, 그 밖의 두께가 2,000킬로미터인 외핵은 액체 상태이지.

맨틀 대류

광자 내핵과 외핵을 합치면 지구 반경의 절반을 차지하는군요. 외핵 바깥에는 무엇이 있나요?

베게너 우선 지구 표면에는 지각이 있는데 육지에서는 지각의 두께가 30-50킬로미터 정도이지만 해양 지각은 두께가 5-8킬로미터밖에 안 되지.

광자 해양 지각은 왜 그렇게 얇지요?

베게너 아닌게아니라 지구의 나이 동안 퇴적이 계속되었다면 그보다 훨씬 두꺼워야 할 테지. 그 이야기는 뒤에 하기로 하고 지구의 구조 이야기를 끝내세. 핵과 지각 사이에는 두께가 2,900킬로미터 정도 되는 맨틀이 있는데, 이 맨틀에는 몇 개의 대류 단위가 있어서 두 개의 대류 단위가 맞부딪치는 곳에는 솟구치는 막대한 힘에 의해 소위 맨틀 플룸(plume)이 생겨나지.

광자 플룸이 있다면 하강하는 곳도 있을 테고 그러다 보면 맨틀에는 거대한 순환이 있겠네요. 냄비 밑바닥의 한부분에만 불길이 닿으면 냄비 속에서 순환이 일어나듯이 말이지요.

베게너 그런 순환작용을 맨틀 대류라고 부르지. 그런데 여기서 중요한 점은 대륙은 열 개 정도의 지판으로 나누어져서 맨틀 위에 떠 있는 격인데 그러다 보니 지판은 맨틀 대류를 따라 이동한다는 거야. 좀더 자세히 이야기하면 맨틀의 윗부분은 부드러운 아세노스피어(asthenosphere, 암류권, 岩流圈)와 그 위의 리소스피어(lithosphere, 암석권, 岩石圈)로 되어 있고 그 위에 현무암의 해양지각이 있는데 리소스피어와 해양 지각이 지판을 이루어서 아세노스피어 위로 천천히 움직이는 거야.

광자 그러니까 선생님께서 생전에 설명하지 못했던 대륙 이동의 원동력은 바로 맨틀 대류라는 말씀이군요.

베게너 바로 그거야. 맨틀 대류에 의해 화산 활동이나 지진, 그리고 해양 지각의 변동 등이 일어나는 거지.

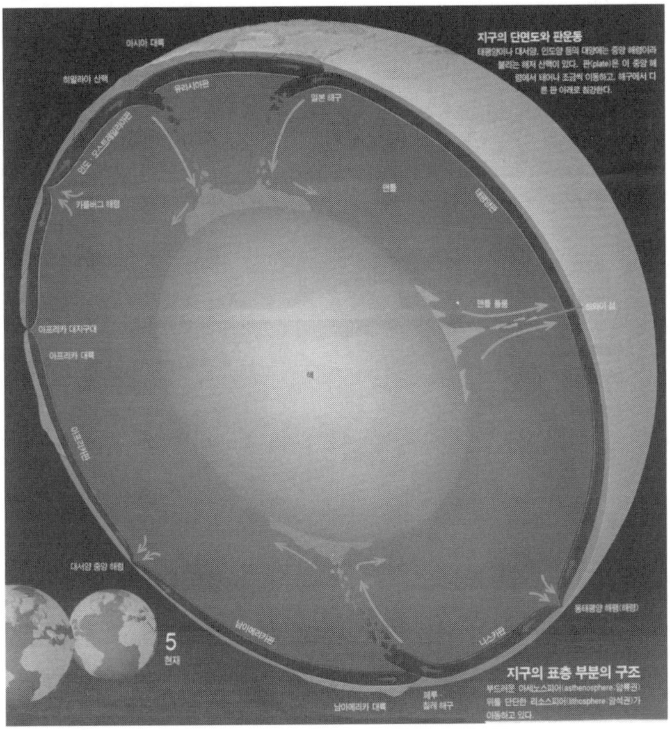

지구의 핵, 맨틀, 지판

해저갱신설

광자 말씀하신 지구 내부나 바다 밑바닥의 구조를 어떻게 알아냈을까요?

베게너 사실 지각과 맨틀의 구조를 떠나서는 대륙 이동을 생각할 수 없는데, 지각과 맨틀의 경계면에 대한 최초의 정보는 1909년에 크로아티아의 자그레브 기상관측소장이던 모호로비치치

(Mohorovicic)에 의해 얻어졌어. 1880년에 자그레브에 큰 지진이 있어서 그 지역에 관측소를 설치하게 되었는데, 1909년에 자그레브 남방에서 다시 대지진이 일어났지. 이때 모호로비치치는 유럽 전역에서 지진파 측정 결과를 받아보았어. 그런데 이 자료들을 자세히 조사해보니 어떤 특정한 지진파가 지표에서 약 30킬로미터 거리에 있는, 밀도가 아주 다른 경계면에서 굴절되는 것으로 나타난 거지.

광자 그게 바로 지각과 맨틀의 경계로군요.

베게너 그 후 맨틀과 외핵의 경계, 또 외핵과 내핵의 경계도 지진파가 지구의 반대 방향에 도달하는 과정을 연구해서 알아냈어.

광자 아까 말씀하신 내핵, 외핵, 맨틀의 두께는 그렇게 해서 알려진 거군요.

베게너 그리고 1930년대 말에 미국 우즈홀 해양연구소의 유잉은 해면에서 TNT를 터뜨린 후 여기에서 나오는 파동이 반사되는 것을 연구해서 바다 밑의 퇴적물층의 두께를 측정했어.

광자 아까 퇴적물의 두께 이야기가 나왔었지요?

베게너 퇴적물의 두께는 무엇을 말해줄까?

광자 스테노가 생각했던 대로 퇴적은 어떤 속도를 가지고 일어나니까 퇴적물의 두께를 재면 그 부분의 해양 대륙의 나이를 알 수 있겠군요.

베게너 아까 말했듯이 해저의 퇴적물은 지구의 나이에 비해 두께가 상당히 얇았어.

광자 해양 대륙의 나이가 젊다는 말이군요.

베게너 바다 밑에 관한 중요한 또 하나의 정보는 초음파를 이용해서 얻어졌지. 2차 대전 중에 잠수함을 찾아내기 위해 개발된 기술을 이용해서 1945년 이후에 전세계적으로 해저의 지도를 그린 건데, 초음파가 반사되어오는 시간을 측정하면 해저의 자세한 지형을 알 수 있거든.

광자 컴퓨터도 2차 대전 때 독일군의 암호를 해독하기 위해서 개발되었다던데 기왕 개발된 기술이 있다면 평화적으로 이용하는 게 바람직하겠지요.

베게너 해저의 지도가 완성되자 놀라운 세계가 드러났지. 해저에 총 연장 6만 5천 킬로미터의 해령(海嶺)이 달리고 있는 거야.

광자 해령이라면 아까 이야기한 대로 해저의 산맥이라고 생각하면 되겠지요? 제일 높은 해령은 에베레스트 산 정도 되나요?

베게너 그보다 더 높다네. 그런데 흥미있는 것은 총 연장 6만 5천 킬로미터를 따라서 해령의 꼭대기에는 폭이 수십 킬로미터이고 깊이가 수백 미터인 균열 계곡이 있다는 점이야. 그런가 하면 해저에는 해령에 못지않은 규모의 해구(海溝)라는 골짜기가 있지.

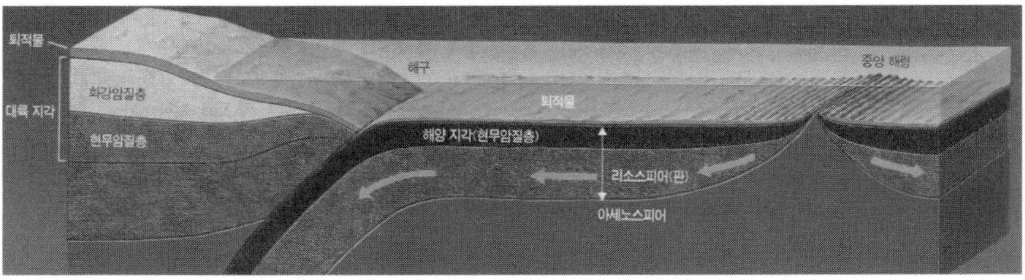

해저갱신

광자 해령과 해구는 어떻게 해서 생겨났나요?

베게너 그 질문에 대한 답은 1962년에 프린스턴 대학 교수였던 헤스(Hess)가 제시했지. 해저갱신설(海底更新設, sea floor spreading)이라고 하는 그의 생각에 따르면, 맨틀 대류의 상승 부분에서 지판 사이로 마그마가 솟아나와 식어서 해령을 만들고 그때 생긴 지각이 양쪽으로 서서히 밀려나간다는 것이지.

광자 그럼 해령의 꼭대기에는 백두산 천지 같은 것이 있겠네요.

베게너 실제로 마치 화산의 분화구가 띠를 이루고 있는 모양의 균열 계곡이 관찰되었어.

광자 해령의 반대쪽이 해구인가요?

베게너 해구는 지판이 이웃 지판 밑으로 들어가면서 생겨난 골짜기지.

광자 그러니까 지판은 대륙이동설에서 말한 대로 단지 맨틀 위에서 이동하는 데 끝나는 것이 아니라 해령 쪽에서는 새로 생겨나고 해구 쪽에서는 맨틀 속으로 사라지는군요.

베게너 마치 컨베이어 벨트가 돌고 도는 식이지.

광자 아까 1년에 2센티미터라고 한 대륙 이동 속도가 바다 밑바닥이 해령에서 해구 쪽으로 움직이는 속도네요. 그러니까 수억 년 단위로 해양 대륙이 새로 생긴다는 결론인가요?

베게너 그렇지.

지자기 역전

광자 그런데 해저갱신설은 하나의 가설로 들리는데요, 무슨 증거가 나왔나요?

베게너 1963년에 확실한 증명이 이루어졌지. 케임브리지 대학교의 매튜스(Matthews, 1931-1997)는 1961-63년에 있었던 국제 인도양 탐사에 참가했는데 아덴 만에서 유명한 지자기(地磁氣) 역전 현상을 발견한 거야.

광자 지자기라면 지구의 자장을 말하는 것 같은데 지구의 자기는 남극과 북극을 가리키고 있지 않나요?

베게너 물론 지금은 대충 그렇지. 그런데 매튜스가 자장 탐지기를 탐사선에서 500미터나 바닷속으로 드리우고 해저의 자장을 측정하다가 아덴 만에서 자장의 방향이 역전을 반복하는 것을 발견했어.

광자 그러니까 바다의 어느 부분에서는 자침의 S극이 북쪽을 향하다가 다른 부분에서는 남쪽을 향하더라는 말인가요?

베게너 맞아. 더구나 그런 역전이 여러 차례 반복되더라는 거지.

광자 그 넓은 바다를 꽤나 자세히 조사한 모양이군요.

베게너 탐지기를 500미터씩 내렸다 올렸다 하는 힘들고 지겨운 작업을 매튜스 자신이 2년 동안 해낸 거야. 1963년에 자신의 첫 번째 학생인 바인(Vine)과 함께 발표한 지자기 역전은 지구 과학에 있어서 대단히 중요한 자리를 차지하게 되었어.

광자 저는 아직 지자기 역전과 해저갱신설의 관계를 잘 모르겠는데

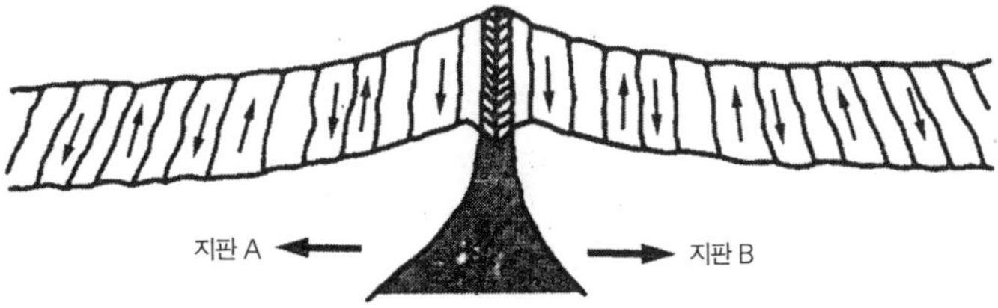

지자기 역전

요.

베게너 아, 그건 아직 설명이 부족해서야. 우리는 으레 지구의 북극 방향은 자석의 N극, 남극 방향은 S극으로 생각하는데 과거 500만 년 동안 대충 20만 년에 한 번씩 이 극이 바뀌었지.

광자 아니 북극이 S극, 남극이 N극인 때가 있었다는 말인가요?

베게너 이유는 잘 이해를 못하지만 어쨌든 그런 일이 있었다는 것은 확실하지.

광자 그렇다면 지구의 자장이 역전될 때마다 자철광 같은 자성을 갖는 물체의 자극(磁極)도 따라서 바뀌나요?

베게너 그 물질이 유동적일 때만 그런 자화(磁化, magnetize)가 가능할 테고 일단 굳어지면 자극도 고정되겠지.

광자 그럼 헤스가 생각한 대로 해령의 꼭대기에서 흘러나온 마그마가 식는 도중에는 그 당시의 자장에 따라 자극이 결정될 테고 해구 쪽으로 이동하는 동안에는 그 기록을 유지하겠군요. 그 다음 지자기의 남북극이 역전된 다음에 흘러나온 마그마는 역전된 기록을 가지고 앞서 생긴 지각을 따라 이동을 할 테고요.

베게너 매튜스가 관찰한 지자기의 패턴에는 어떤 대칭성이 있었을까?

광자 해령을 중심으로 양쪽으로 대칭적인 역전의 패턴이 나타나겠지요. 해령에서 멀수록 오래된 지각일 테고요.

베게너 바로 그런 패턴이 발견되었다는 거야.

광자 놀라운 일이군요. 매튜스가 발견한 지자기 역전은 확실히 해저 갱신의 증거로 볼 수 있겠군요.

지판구조론

베게너 지자기 역전이 발견된 후 1967년에는 미국의 지구물리학자 베니오프(Benioff)가 지진이 많이 일어나는 자리는 대륙의 끝쪽으로 비스듬히 들어간 면 위에 몰려 있다는 사실을 알아냈어. 이런 여러 가지 사실들을 종합해서 60년대 말에는 지판구조론(地板構造論, plate tectonics)이 확립되었지. 앞서 이야기한 지판들이 해령을 따라 계속적으로 새로 만들어지고 움직여 나가다가 베니오프 존(Benioff zone)에서 다른 지판 밑으로 기어들어가서 산맥을 만들기도 하고 경계면에서 화산이나 지진을 일으키고 하는 현상을 말하는 거야.

광자 그럼 유명한 환태평양 지진대도 지판들의 경계면에 해당하는군요?

베게너 그래. 경계면은 아무래도 약하니까 용암이 솟구쳐나오기도 하고 경계면이 어긋나면 지진이 나겠지. 지판에는 유라시아판, 태평양판, 인도 오스트레일리아판, 아프리카판, 북아메리카판, 남아메리카판, 남극판같이 큰 판들과 아라비아판, 필리핀해판, 카리브판 등 작은 것도 있는데 이들 사이의 경계면에는 솟구치면서 새로 생겨나는 부분과 맨틀로 침강해 들어가는 부분이 있는데 어느 경우에나 판들의 경계 부분에는 격변이 있게 마련이지.

광자 그럼 전반적으로 말해서 지각은 화성암이고 그 위에 퇴적암층이 쌓인 것이라고 말할 수 있나요?

베게너 그렇지. 안 그래도 18세기 후반에는 모든 암석이 원시 대양에서 침전에 의해 생겼다는 베르너(Werner, 1749-1817)의 수성론(水成論, Neptunism)과 허튼의 화성론(火成論, Plutonism)이 대립했는데 화성론이 맞는 것으로 판정이 난 셈이야.

광자 그런데 인도는 아시아에 속해 있는데도 오스트레일리아판의 일부라니 이상하군요.

베게너 인도의 북단이 북상하면서 유라시아판과 충돌해서 히말라야 산맥을 만들어놓은 거야. 에베레스트 산은 지금도 매해 약간씩 높아진다구. 북미 대륙의 서쪽에는 두 줄기의 산맥이 있는데 그건 두 차례에 걸쳐 태평양판이 북아메리카판의 밑으로 기어들면서 만들어놓은 거지.

광자 로키 산맥이 그렇게 생겼군요. 이제는 한반도가 적도 부근에 있다가 북상했다는 이야기도 그럴 법하다는 생각이 드네요. 그런데 맨틀 대류를 일으키는 열은 어디에서 나오나요?

수성론자 베르너(Werner)

베게너 중요한 질문이야. 옛날에는 이 열의 근원을 몰랐기 때문에 지구의 나이 계산에 큰 오차를 가져왔어. 예를 들면 유명한 켈빈 경도 지구가 식는 속도로부터 지구의 나이는 기껏해야 1억 년을 넘지 못할 거라고 장담했거든.

광자 지금은 약 46억 년으로 잡고 있지요? 그럼 어디에서 열이 계속 나오나요?

베게너 중력에 의한 수축의 영향도 있고 켈빈이 전혀 몰랐던 것으로는 방사성 동위원소의 붕괴가 중요한 역할을 하지.

광자 아무튼 지구의 내부는 우리가 흔히 생각하는 지구와는 상당히 다른 세상이군요.

베게너 광부는 어느 정도 감을 잡고 있을걸세. 100미터 정도 내려가면 약 3도씩 온도가 올라가니까 지하에서 일하는 광부는 확실히 지구 내부에서 나오는 열을 느끼겠지. 훔볼트도 오랜 관찰을 통해 수성론자에서 화성론자로 바뀌었는데 지구의 내부를 알고 나면 화성론을 자연스럽게 받아들이게 되지.

화성론자 허튼(Hutton)

광자 베크렐이 궁금해했던 방사능의 에너지가 지구 표면을 움직이게 하는 원인을 제공해줄 줄은 몰랐네요. 정말 자연의 모든 현상은 이리저리 연결되어 있군요.

베게너 그런 연결 고리를 찾아내는 것이야말로 자연을 공부하는 즐거움을 더해주는 것이지.

광자 여러 자연 현상의 상관관계를 믿었던 훔볼트가 자신이 관찰했던 동식물의 지리적 분포가 지판구조론에 입각한 대륙이동으로 설명된다는 사실을 알았다면 얼마나 흥분했을까요? 선생님의 대륙이동설은 이제는 확실한 과학적 증거를 바탕으로 우리가 지구를 보는 눈을 바꿔주었어요. 지구는 태양 주위를 돌 뿐 아니라 지구 내부에서는 맨틀 대류가 돌면서 지구 표면이 서서히 이동한다는 것은 20세기 후반에 들어와서야 깨닫게 된 엄청난 사실이 아니겠어요?

베게너 여러 과학자들이 외로운 연구를 수행한 덕분이지. 21세기에는 또 어떤 엄청난 사실이 밝혀질지 두고 보세나.

18장

생명체는 세포로 구성되어 있다

"생명체의 복잡한 구조를 설명하는 데는 새로운 자연 법칙을 필요로 하지 않는다. 생명의 핵심은 주위에서 에너지를 얻고 그 에너지를 이용해서 자신의 복잡한 구조를 만들며 또한 자신을 복제하는 능력에 있다."

—그리빈, 『*In Search of the Double Helix*』에서

세포 자동자

광자 20세기의 가장 훌륭한 발명을 몇 가지 든다면 컴퓨터가 반드시 들어갈 것 같은데요, 선생님은 컴퓨터 과학의 아버지로 알려지셨지요.

폰 노이만 나는 다행히 1940년대에 처음 본격적인 컴퓨터가 개발될 당시부터 관여를 하게 되었지.

광자 요즘 인공 지능이니 인공 생명이니 하는 문제에 관심이 늘면서 선생님의 세포 자동자(cellular automaton)가 많이 거론되고 있어요. 세포 자동자란 간단히 말해서 뭔가요?

폰 노이만 세포 자동자란 자기를 조직화하고 복제할 능력을 가진 시스템인데, 환경의 변화에 다양하게 반응하는 특징을 가지고 있지.

광자 듣고 보니 생물학적 세포와 다를 게 없네요.

폰 노이만 개념상으로는 다를 게 없지.

광자 그럼 어떤 면에서 다른가요?

폰 노이만 내가 말한 세포 자동자는 하나의 소프트웨어인 셈인데, 실제 세포는 자기 조직, 자기 복제의 소프트웨어를 장착한 하드웨어지. 다시 말해서 자기 복제를 위해서는 정보만으로는 불충분하고 실제로 복제를 수행하는 손발과 그 밖의 모든 설비를 갖추고 있어야 한다는 말이야. 그런데 생물학적인 세포는 실제로 그런 완벽한 시스템이거든. 세포와 같이 자기를 복제할 수 있는 컴퓨터를 내 이름을 따서 폰 노이만 기계(von Neumann machine)라고 하지.

폰 노이만(John von Neumann), 헝가리 출신, 양자물리, 컴퓨터, 게임이론 등 여러 분야에 뛰어난 업적을 남겼다. 베를린대학에서 화학, 취리히 공대에서 화공학 전공. 1926년 부다페스트대학에서 수학박사, 수소폭탄 개발에 참여했다.

광자 아직 충분히 이해가 안 가네요.

폰 노이만 현미경으로 보이는 하나하나의 세포는 하드웨어인가 소프트웨어인가?

광자 그야 하드웨어지요. 컴퓨터 하드웨어가 크기와 무게를 가지고 딱딱한 상자와 그 속에 들어 있는 여러 개의 칩들로 되어 있는 것과 마찬가지로, 세포도 작기는 하지만 크기가 있고 그 내부에 여러 가지 다른 기능을 가진 부분들이 들어 있으니까요.

폰 노이만 대장균 같은 세포는 조건이 맞으면 대충 20분 만에 똑같은 개체를 복제해서 하나의 세포가 두 개로 늘어난다는 것은 알고 있겠지?

광자 네.

폰 노이만 그처럼 세포라는 하드웨어를 운용하고 또 그 하드웨어를 복제하는 데 필요한 정보, 즉 소프트웨어는 어디 밖에서 오나?

광자 아니요, 바로 세포 안에 들어 있어요. 아, 그런 의미에서 세포는 완벽한 자동자로군요.

폰 노이만 그럼 하드웨어까지 복제할 수 있는 폰 노이만 기계도 가능할까?

광자 그건 아무래도 가망이 없어 보이네요. 간단한 칩 하나를 생산하는 과정만 생각해도 많은 디자인과 기계 설비와 부품과 공정이 필요할 텐데 그런 모든 정보를 저장할 뿐 아니라 그 정보를 따라 칩의 조립을 수행하는 하드웨어가 있어야 할 테고, 그럼 또 그 하드웨어를 만드는 데 필요한 소프트웨어와 하드웨어가 있어야겠지요. 게다가 그런 모든 기능을 총괄 조정하는 기능이 또 필요할 텐데 그러자면 필요한 하드웨어가 또 늘어날 테고, 이렇게 기하급수적으로 요구가 늘어날수록 실현성은 제로에 수렴할 거예요.

폰 노이만 그런데 놀라운 일은 아주 간단한 생명체인 박테리아가 바로 그런 놀라운 기능을 가지고 있다는 점이지.

4천 개의 유전자

광자 생각해보니 정말 그렇군요. 20분 만에 박테리아가 해내야 하는 일을 몇 가지만 예를 들어 생각해보면 이해에 도움이 될 것 같은데요.

폰 노이만 글쎄 어디에서부터 시작할까? 우선 지금까지 알려진 가장 오래된 박테리아의 화석이 얼마나 된 것인지 들어보았나?

광자 네, 어디선가 약 36억 년 된 박테리아 화석의 사진을 본 적이 있어요.

폰 노이만 그래 그 사진에서 기억에 남는 부분이 뭔가?

광자 원형의 어떤 경계면만 보였던 것으로 기억해요. 그 안쪽에는 식별할 수 있는 아무런 형태가 없었어요. 그 경계면이 결국 원시세포의 세포막일 테지요.

폰 노이만 그럼 그 화석을 남긴 박테리아도 세포막을 만들 줄 알았다는 이야기가 되는군. 그런데 광자도 물론 잘 알겠지만 세포막은 아무 물질로나 만들 수 있는 게 아니야. 인지질(燐脂質, phospholipid)이라는 특수 물질의 이중막(bilayer) 구조가 되어야 세포의 안과 밖을 구분짓는 담장 역할을 할 수 있다는 말이지.

광자 그러니까 그 세포는 상당한 화학 지식을 갖추고 적당한 원료를 찾아다가 배합해서 적당한 인지질을 만들 줄 알았군요.

폰 노이만 실제로 세포 내부에서 인지질을 만드는 작업을 수행한 것은 누구였을까?

광자 손을 놀려 작업하는 친구들은 효소라는 단백질이지요.

폰 노이만 그럼 그런 효소를 만드는 데 필요한 정보를 가진 자가 있어야겠지.

광자 세포 내의 정보 보관소는 핵산이라고 알고 있어요. 제한된 물질을 세포막 만드는 데만 사용해도 안 되겠지요?

폰 노이만 필요할 때 필요한 만큼만 만드는 것도 대단히 중요하지. 그런 조절 기능은 호르몬이 담당하고.

광자 그럼 호르몬을 만들어내는 효소와 또 그 효소를 만드는 데 관여하는 정보가 있어야겠군요.

폰 노이만 이제 감이 좀 잡히는 모양이군. 단세포 생물도 상당히 많은 정보를 가지고 있어야 할 것 같지 않은가? 그런 생명 활동에 필요한 정보의 단위를 유전자(gene)라고 하지. 대장균같이 간단한 박테리아에도 대략 4천 개 정도의 유전자가 있는데 광자가 생각하기에는 이 유전자들 하나하나의 기능이 결국 뭐라고 생각되나?

광자 생명 활동의 여러 가지 기능이 결국 효소에 의해 이루어지니까 하나하나의 유전자는 하나하나의 효소 단백질을 만들기 위해 존재한다고 말해도 좋을 듯싶군요.

폰 노이만 물론 세포의 골격을 만드는 단백질도 있고 하니까 모든 유전자가 효소를 만드는 데 관여하는 것은 아니지만, 유전자의 일차적인 존재 이유는 효소의 제조라고 말해도 무리는 아니지. 그런데 생명이 일회적인 현상으로 끝나지 않으려면 어떤 일이 꼭 일어나야 할까?

광자 밀러 선생님에게서 화학적 진화를 배웠는데 한 세포가 수명을 다할 때마다 화학적 진화가 반복되어야 한다면 한심한 일이겠지요. 생명의 지속적인 보존을 위해서는 세포 내의 유전 정보를 복사해서 후손에게 남겨주는 메커니즘이 필요하겠네요.

폰 노이만 유전자를 복사하는 기능은 누가 맡을까?

광자 그것도 효소가 맡겠지요? 그 효소를 만드는 정보는 어느 유전자인가가 가지고 있을 테고요.

폰 노이만 이제는 세포가 얼마나 완벽한 자동자인지 짐작이 가지?

광자 그 모든 일을 해내려면 4천 개의 유전자도 오히려 부족해 보이는데요.

폰 노이만 인간이 세포 자동자를 고안한다면 그 정도의 조작 가지고는 어렵겠지. 거기에 비하면 세포는 대단히 효율이 좋은 시스템이야. 세포막을 만들기 위해서 매번 탄소, 수소, 산소, 인 등의 원자들을 주워 모아다가 작업을 한다고 생각해보게. 얼마나 비효율적이겠나. 대신 세포는 레고 조각들을 다 해체했다가 재조합하는 대신 적당한 크기로 부분 해체했다가 사용하는 지혜를 터득한 거지.

광자 아까 대장균이 약 4천 개의 유전자를 가지고 있다고 하셨는데 대장균이 어떤 속도로 유전 정보를 복제하나요?

폰 노이만 4천 개의 유전자가 약 470만 개의 염기 서열에 저장되어 있는데 실상 DNA 복제 효소가 제아무리 부지런히 복제를 한다 해도 40분은 걸리는 양이야.

광자 40분이라는 숫자는 어떻게 나왔지요?

폰 노이만 광자는 철저하군. 좋은 태도야. 복제 효소는 매초 천 개 정도의 염기를 화학결합으로 연결해서 DNA를 만들어내는 것으로 알려져 있는데, 원형인 원핵세포의 DNA에는 복제 원점이라는 게 있어서 이중나선이 풀어지면서 양쪽으로 복제가 일어나거든.

광자 그러니까 전체를 다 복제하는 데는 40분이 걸리겠군요. 매초 천 개의 염기를 연결한다니 복제 효소는 정말 기막힌 재봉틀이네요.

폰 노이만 그것도 아무렇게나 닥치는 대로 연결하는 게 아니라 4종류의 염기로부터 원래의 DNA와 상보적인(complementary) 가닥을 만들어서 두 개의 동일한 DNA 분자가 만들어지도록 신경을 쓰지.

광자 그런데 대장균이 유전 정보를 다 복사하는 데 40분이 걸린다고 하셨는데 대장균이 20분 만에 분열한다면 정보를 절반밖에 가지지 못하는 결과가 되지 않나요?

폰 노이만 그러니까 우리 같은 고등동물도 박테리아 같은 하등생물에게 고개를 숙이지 않을 수 없다니까. 원핵생물의 DNA는 원형이라서 소위 다중포크 복제(multifork replication)라는 게 가능하지. 즉 한 곳에서 복제가 시작되어서 다 끝나기 전에 다른 곳에서 복제가 시작되고 분열하는 동안에도 복제가 계속되는 거야.

광자 쉽게 이야기해서 박테리아는 24시간 복제를 멈추지 않네요.

폰 노이만 그런 셈이지.

자기 복제의 기본 요건

광자 조금 전에 말씀하신 염기 서열이란 세포 자동자의 입장에서 보면 무얼 말하는 건가요?

폰 노이만 자세한 이야기는 나중에 전문가에게서 듣도록 하고, 이렇게 말하면 어떨까? 한글의 경우에 24개의 자음과 모음을 연결해서 글을 쓰듯이 생명체가 DNA에 유전 정보를 기록할 때는 A, T, G, C라는 단 네 개의 자모를 사용하는 거지. 유전자는 이들 자모를 이용해서 무슨무슨 단백질은 이렇게 만들라고 기록한 한 장의 지침서인 셈이고. 그러니까 대장균의 정보는 언뜻 보면 무슨 소린지 모를 약 4천 페이지에 걸쳐 기록되어 있는 A, T, G, C의 서열이란 말이야.

광자 그러니까 유전자의 염기 서열은 세포 자동자를 세포 자동자답게 해주는 정보의 총체로군요. 그렇다면 세포 자동자가 다른 것과 다른 기본적인 요건이 있을 듯한데요.

폰 노이만 유전 입장에서 보면 염기 서열의 핵심은 그것이 세포로 하여금 어떻게 이 유전 정보를 복제할 것인가 하는 알고리즘 내지는 프로그램을 제공한다는 면과 동시에 복사되어서 다음 세대에게 전달되어야 할 수동적인 정보가 된다는 점이지.

광자 좀 어렵네요. 말씀하신 알고리즘이란 DNA 복제 효소를 만드는 정보 역시 DNA에 들어 있다는 의미로 짐작은 가지만요.

폰 노이만 다시 말하면 이런 식으로 '나를 복제하라'는 지령이 DNA에 들어 있다는 말이지.

광자 세포 자동자는 진짜 세포에게서 배워야겠군요. 그런데 그런 기본 요건을 갖춘 가장 작은 생명체는 어느 정도의 염기 서열을 가지나요?

폰 노이만 지금까지 알려진 가장 간단한 종인 마이코플라즈마 게니탈리움(*Mycoplasma genitalium*, 사람의 폐와 생식기에 사는 무해한 박테리아)의 지놈의 크기는 580킬로베이스(kilobase)라니까 짐작해보게.

광자 대장균만 해도 4천 개의 유전자로 충분할까 생각이 들었는데 이건 그의 10분의 1 정도밖에 안 되잖아요.

폰 노이만 최소한의 활동과 자기 복제에 만족하는 생물이겠지.

자신을 복제하는 분자

광자 저는 갑자기 최소한의 자기 복제자는 어떤 분자가 아닐까 하는 생각이 드는데요. 혹시 그런 분자는 없을까요?

폰 노이만 그거 재미있는 생각이로군. 아마도 화학적 진화의 마지막 단계에서 그런 분자의 필요성이 대두되었겠지.

광자 핵산이냐 단백질이냐, 닭이 먼저냐 달걀이 먼저냐 하는 문제 말씀이지요?

폰 노이만 그래. 생물과 무생물의 경계에 있다고 생각되는 바이러스만 해도 핵산과 단백질을 모두 가지고 있거든.

광자 그럼 바이러스도 세포 자동자라고 볼 수 있나요?

폰 노이만 위에서 이야기한 기본 요건을 갖추고 있나를 생각해보면 되겠지.

광자 바이러스의 핵산은 어떤 유전 정보를 가졌을 테니까 그 점에서는 좋은데 복제에 필요한 알고리즘은 없다고 알고 있어요. 박테리아 같은 숙주에 들어가서 숙주의 복제 알고리즘을 이용해서 번식하니까요. 그러니까 바이러스는 반쪽짜리 세포 자동자네요. 그럼 바이러스가 가진 유전 정보는 뭐예요?

폰 노이만 자기의 핵산을 감싸줄 단백질을 만드는 데 필요한 정보이지.

광자 얌체군요. 내 단백질은 이런 거다라고 해놓고 막상 만드는 일은 남한테 시켜먹고요.

폰 노이만 얌체라기보다는 복제 알고리즘까지 가질 정도로 진화하면 이미 바이러스가 아닌 거지.

광자 바이러스에서 박테리아로 발전한 건 엄청난 양자 도약(quantum jump)을 한 셈이군요.

폰 노이만 그렇고말고.

광자 아까 이야기로 돌아가지요. 아무튼 핵산이나 단백질의 구성성분이 다 준비된 단계에서 예컨대 처음의 바이러스가 생기는 과정을 설명하기가 아주 난감하군요. 바이러스가 없었다면 박테리아도 없었다고 보아야 할 텐데, 그럼 처음의 바이러스는 무슨 복제 알고리즘을 사용해서 번식했나 하는 문제가 남지 않겠어요?

폰 노이만 그뿐 아니라 화학적 진화에서 최초의 생명체로 넘어가는 과정에 관한 문제는 대단히 어려운 문제이지.

광자 생물학적 진화의 연구에는 그래도 화석과 상상력이라는 두 가지 무기가 있으니까 다행이지요. 분자 화석이란 건 없나요?

폰 노이만 나무와 동물의 시체가 석탄과 석유로 바뀌는 과정을 견디어낼 분자가 있었을까? 남아 있다고 해도 극히 소량일 테고. 하기야 요즘에는 분석 기술이 좋아서 화성에서 날아온 운석에서 미량의 유기 물질을 검색하기도 하더구만.

광자 그럼 생명의 시작은 영원한 미스터리로 남게 되나요?

폰 노이만 다행히 첵(Cech, 1948-)과 알트만(Altman, 1939-)이라는 두 젊은이가 핵산의 일종인 RNA가 단백질과 같은 효소 작용을 할 수 있다는 사실을 밝혀서 새로운 전기를 마련했다더군. 두 사람은 그것으로 1989년 노벨 화학상을 수상했다지.

광자 그렇다면 최초의 생명체는 RNA에서 시작했다고 보는 것이 타당한가요?

폰 노이만 지금은 RNA world가 통설로 되어 있지.

광자 RNA가 효소 작용을 한다면 자기 복제 능력이 있다는 말인가요?

폰 노이만 아직 그런 확실한 증거는 없지만 혹시 자신을 복제하는 데 중요한 효소를 만드는 데 필요한 촉매 작용을 할 수 있다고 가정하면 RNA는 세포 자동자로서의 요건을 갖추는 셈이 아니겠나?

광자 그렇겠네요. 그럼 RNA는 분자 세포 자동자인 셈이군요.

폰 노이만 요즘은 비교적 작은 유기 화합물이나 펩티드의 복 기능이 연구되고 있다지만 생명체에 가장 근접한 분자 세포 자동자를 생각한다면 아무래도 RNA가 유일한 후보라고 보아야겠지.

세포설의 발전

광자 세포의 활동은 참으로 재미있어 보이는데 아무래도 세포의 기능에 관한 지식을 어떻게 얻게 되었나를 기초부터 차근차근 배워야겠어요.

폰 노이만 배우고 싶은 의욕을 가지는 것은 사람만이 누리는 특권이지.

광자 세포라는 것이 처음에 어떻게 알려지게 되었지요?

폰 노이만 세포(cell)라는 말이 처음 사용된 건 1665년에 영국의 로버트 후크(Robert Hooke, 1635-1703)에 의해서였지. 후크가 사용한 렌즈가 하나짜리인 현미경은 배율이 낮아서 살아 있는 미생물을 볼 수 있는 정도는 아니었어. 그래도 후크는 처음으로 현미경으로 식물 조직을 관찰한 사람이고 특히 코르크를 들여다보니 벌집 같은 구조가 특징있게 보여서 세포라는 말을 사용한 거야.

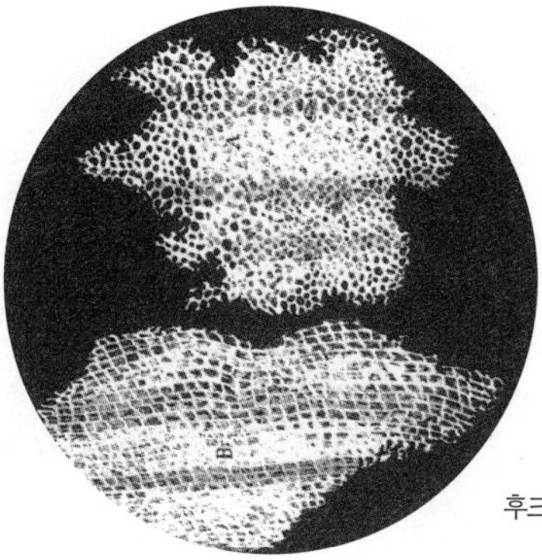

후크가 코르크에서 관찰한 세포

광자 세포라는 말은 어디에서 빌려왔나요?

폰 노이만 수도원에서 수도승들이 수도를 하는 작은 방을 셀이라고 하지.

광자 살아 있는 세포를 처음 관찰한 것은 누구였나요?

폰 노이만 네덜란드의 레벤후크(Anton van Leeuwenhoek, 1632-1723)였어. 레벤후크는 렌즈를 잘 깎아서 400배의 배율을 얻을 수 있었고, 그럼으로써 혈액 세포와 박테리아나 원생동물류(protozoa)의 단세포 생물을 볼 수 있게 됐지. 그게 1673년의 일이었어. 그는 이런 미생물을 '작은 동물(animalcule)' 이라고 불렀는데 19세기 초에 화학자들이 분자를 작은 입자(molecule)라고 부른 것과 통하지 않아?

광자 생물학의 새로운 지평이 열린 순간이군요.

폰 노이만 1609년에 갈릴레오가 망원경으로 천체를 관찰한 것에 비견할 만한 사건이지.

광자 현미경의 배율을 높이는 것이 중요한 과제가 되었겠군요. 두

사람의 피부세포. 검은 점은 핵

개의 렌즈를 사용하면 배율이 훨씬 높아진다는 사실도 누군가가 알아냈겠지요.

폰 노이만 한동안은 현미경을 이용해서 관찰한 미생물들을 분류하거나 다른 종류의 조직세포, 근육세포, 신경세포 등을 관찰하는 등의 일이 진행되다가 1831년에 스코틀랜드의 식물학자인 로버트 브라운(Robert Brown, 1773-1858)이 식물세포에서 핵심적인 역할을 하고 있는 부분을 발견하고 그것을 핵(核, nucleus)이라고 불렀지.

광자 원자핵이 발견되기 80년 전에 세포의 핵이 먼저 발견되었군요. 세포의 핵이야말로 유전 정보가 저장되어 있는 곳이니까 세포의 핵의 발견은 원자핵의 발견 못지않게 중요한 일이라는 생각이 드는군요.

폰 노이만 그 당시에는 그렇게까지 중요한지 인식하지 못했지만 유전공학이니 인간 지놈 프로젝트(Human Genome Project) 등이 모두 핵 속에 들어 있는 DNA를 대상으로 하는 것을 생각해보면 대단히 중요한 발견이었지. 이어서 동물세포에서도 핵이 발견되었고, 또 세포막과 핵 사이에 원형질이라는 흐르는 물질이 발견되면서 1838-39년에 독일의 슐라이덴(Schleiden, 1804-1881)과 슈반(Schwann, 1810-1882)에 의해 세포막과 핵, 그리고 그 안에 들어 있는 여러 가지 세포 물질로 구성된 세포가 모든 식물과 동물의 기본적인 구성 단위라는 세포설로 발전된 거야.

광자 화합물에서 원자들이 레고 조각이었던 것과 마찬가지로 생명체의 레고는 세포군요.

폰 노이만 화합물의 세계를 잘 이해하려면 원자에 그치지 않고 원자의 내부 구조를 알 필요가 있었던 것과 마찬가지로 생명 활동을 이해하려면 세포의 내부에 들어 있는 여러 부분들의 기능과 구조를 알 필요가 있지.

광자 세포설의 발전 과정에서 당연히 세포는 어떻게 생겨나나 하는 문제가 논의되었겠지요?

폰 노이만 1858년에 독일의 피르호(Virchow, 1821-1902)는 "모든 세포는 다른 세포로부터 온다"라는 중요한 주장을 했지. 그 전에는 생명체는 무생물에서 자발적으로 생겨날 수 있다는 생각이 널리 퍼져 있었기 때문에 이 생각은 우리가 생명을 올바로 이해하는 데 중요한 전기를 마련해주었어.

광자 그러니까 화학적 진화의 어느 단계에서 자신을 복제할 수 있는 원시적인 생명체가 생겨나고 그 이후로는 그 생명을 이어

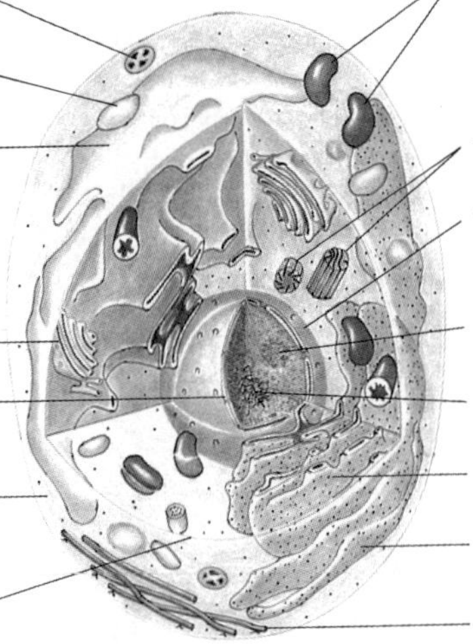

가면서 오늘에 이르렀다는 말이군요. 그러니까 36억 년 정도의 생명의 역사에서 모든 생명체는 세포라는 구조를 하나의 기본 단위로 해서 다양한 생명 현상을 꾸려가고 있는 것이군요.

폰 노이만 가정이나 국가나 개인이라는 단위를 기초로 이루어지는 것과 비슷하지.

진핵세포의 구조

광자 아까 살펴본 박테리아는 20분 동안 유전자의 복제와 그에 필요한 활동을 하는 것이 거의 전부일 것 같은데 고등생물 세포의 일생은 더 복잡하겠지요? 그러자면 세포의 구조도 복잡할 테구요.

폰 노이만 중요한 차이로 우선 세포의 두뇌로 볼 수 있는 핵을 이야기해야겠지. 진화 초기에는 핵이 없는 원핵세포(prokaryote)로 출발했지. 지금도 박테리아같이 핵이 없는 단세포 생물도 있지만 식물이나 동물세포는 다 핵을 가진 진핵세포(eukaryote)야.

광자 왜 구태여 핵을 개발했을까요?

폰 노이만 세포에 관한 중요한 모든 정보는 잘 보관해야겠지. 그러니까 핵은 세포의 금고라고나 할까.

광자 세포를 하나의 컴퓨터 조립 공장이라고 한다면 핵은 이 공장의 정보 관리부라고 하면 되겠네요. 그런데 막상 세포 활동에 어떤 정보가 필요할 경우에는 어떻게 하나요?

폰 노이만 핵 속의 DNA에 기록된 정보 중에서 필요한 부분을 플로피 디스켓에 복사해다가 핵막 밖으로 가지고 나와서 세포질 내에서 단백질을 만든다든지 하는 작업을 하게 되지.

광자 플로피 디스켓에 해당하는 게 메신저 리보 핵산(messenger ribonucleic acid, mRNA)이지요?

폰 노이만 그래. 그리고 핵 밖으로 나온 mRNA가 단백질을 합성하는 장소가 리보솜(ribosome)이라고 하는 입자이지. 세포 내에는 수천 개에서 백만 개에 이르는 리보솜이 있다구.

광자 그만큼 단백질 합성이 활발히 일어나고 있다는 얘기군요. 세포 자동자의 입장에서 보면 리보솜은 각종 부품들을 조립하는 로봇을 생산하는 부서네요. 소포체(endoplasmic reticulum)란 건 뭔가요?

폰 노이만 소포체는 막을 접어놓은 것 같은 모양을 하고 있는데 여기는 만들어진 단백질에 당이나 인산 등을 붙여서 최종적으로 사용되기 위한 준비를 갖추는 곳이야.

광자 골지체(Golgi apparatus)란 것도 들어보았는데요.

폰 노이만 골지체는 지방을 저장하기도 하고 지방이나 단백질에 최종 처리를 가해서 여러 곳으로 보내는 일을 담당하지. 세포 밖으로 내보내는 것을 포함해서 말이야.

광자 관리부에 비유할 수 있겠군요.

폰 노이만 리소좀(lysozome)이란 것도 있는데 여기서는 효소에 의한 분해 작용이 일어나고, 에너지 대사를 맡은 미토콘드리아(mitochondria)는 특이하게도 자체의 DNA를 가지고 분열까

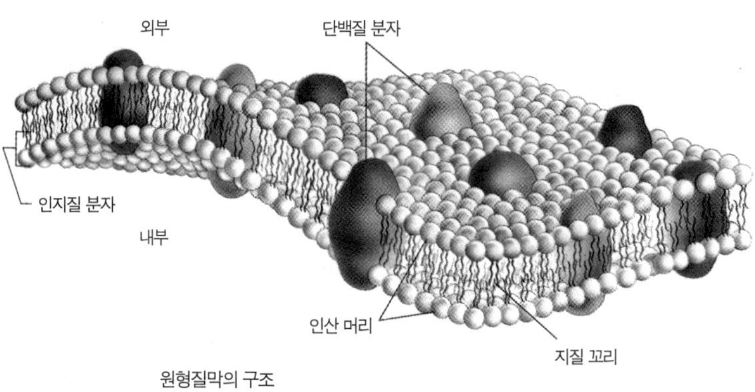

원형질막의 구조

지 하기 때문에 옛날에 박테리아가 세포로 들어왔다가 본의 아니게 눌러앉아서 하나의 기관이 된 게 아닌가 생각되지.

광자 미토콘드리아는 동력부군요. 세포막의 구조도 간단치 않다면서요?

폰 노이만 세포막이 인지질 이중막으로 꽉 닫혀 있다면 물질의 출입이 안 될 테니까 필요한 물질을 받아들이고 폐기물은 내보낼 출입문이 있어야겠지. 그뿐 아니라 세포간에 정보의 교환이 일어나려면 하나의 세포가 내보낸 신호 전달 물질을 알아보고 세포 안으로 들여보내주는 교통 순경 같은 단백질도 있어야 하고, 외부에서 적이 침입하려고 하면 항체 반응을 일으키기 위해서는 이놈을 항원으로 인식하는 기능도 세포막이 가지고 있어야겠지.

광자 적이 성벽을 넘기 전에 알아보아야 대처를 할 수 있겠지요. 그러고 보니 세포막은 단순한 경호실 이상의 다양한 기능을 가지고 있네요.

폰 노이만 특히 신경 전달에서는 세포막의 역할이 대단히 중요해. 하나의 신경 세포에서 내놓는 신경 전달 물질(neurotransmitter)을 다음 신경 세포가 받아들이고 이어서 세포막의 안과 밖의 이온 농도 차이에 의해 신호가 전기적으로 전달되거든.

광자 신경 전달에도 세포간에 어떤 물질이 실제로 이동하는 줄은 몰랐어요.

폰 노이만 아세틸콜린(acetylcholine) 등 여러 가지 화학 전령(chemical messenger)이 알려져 있지.

유사분열과 감수분열

광자 이제는 한 세대가 끝나고 세포분열에 의해 다음 세대가 시작되기 위해 세포가 어떤 일을 해야 하나를 말씀해주세요.

폰 노이만 박테리아 같은 단세포 생물은 분열에 의해 다음 세대로 이어진다고 볼 수 있지만, 다세포 생물은 생식 이외에도 대부분의 경우에는 성장을 위해서 세포분열을 한다고 보아야지.

광자 성장을 멈춘 경우에도 몸 속의 세포는 일정한 수명이 있을 테니까 죽는 체세포를 대체하기 위해서도 세포분열이 필요하겠지요.

폰 노이만 좋은 지적이야. 아무튼 세포분열에 관한 중요한 연구는 1870년대에 독일의 플레밍(Flemming, 1843-1905)에 의해 이루어졌어. 플레밍은 세포를 잘 관찰하기 위해서 세포를 잘 염색하는 염료를 연구하다가 1879년에 핵 속에 어떤 실 같은 물질이 있는 것을 발견했지.

광자 그것이 나중에 염색체(chromosome)라고 알려진 유전 물질이군요.

폰 노이만 그런데 플레밍은 세포가 분열할 때 이 실 같은 것이 짧고 굵어진 후 가운데에서 둘로 갈라지고 양쪽으로 끌려가서 두 개의 세포로 나뉘는 것을 관찰했지.

광자 그래서 유사분열(有絲分裂, mitosis)이라고 하는군요.

폰 노이만 유사분열은 체세포분열이라고도 하지. 그런데 이때 분열해서 생기는 두 개 세포의 양쪽 끝에서 이 반쪽 염색체를 개수를 맞추어서 자기 쪽으로 끌어당겨야 두 개의 완전히 동일한 세포가 생겨날 텐데, 가만 생각해보면 세포 차원에서 이런 일이 정확하게 일어난다는 게 보통 일이 아니야. 세포가 염색체 수를 어떻게든지 세는 능력이 있다는 얘기니까.

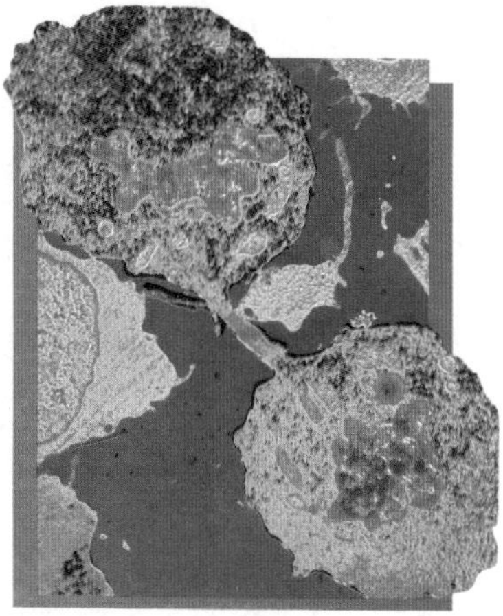

세포 분열

광자 우리가 하나둘 세듯이 세는 것은 아닐 테고 아마도 염색체 수에 맞는 인식 내지는 결합 부위가 있어서 모두가 결합을 해야만 자기 쪽으로 끌어오도록 프로그램이 되어 있나 보지요.

폰 노이만 그런데 그런 과정도 결국은 물리학과 화학의 법칙에 따라 일어날 테니 신기한 일 아닌가.

광자 그런데 사람의 몸에는 몇 개 정도의 체세포가 있나요?

폰 노이만 사람은 약 60조 개의 세포의 집합체이지.

광자 60조라구요?

폰 노이만 왜, 그게 대단해 보이나? 물 분자가 60조 개 모이면 얼마나 될 것 같은가?

광자 60조면 아보가드로수의 10^{10}분의 1이군요. 물 1몰이 18그램이니까 그것의 10^{10}분의 1이면 1.8 나노그램이네요. 아이, 골치야.

폰 노이만 그만 해두게. 어쨌든 유사분열은 이 정도의 체세포 수를 유지해주는 중요한 과정이지.

광자 세포분열을 이야기하다 보니 저나 선생님이나 하나의 난자와 정자 세포로 출발해서 분열에 분열을 거듭하여 오늘에 이르렀다는 생각이 드네요.

폰 노이만 난자 이야기가 나왔으니 말인데 생식세포는 체세포와는 달리 염색체를 한 쌍만 가지고 있지. 세포가 일단 복제된 후에 두 번 분열하면 염색체 수가 절반이 되겠지.

광자 그래서 감수분열(減數分裂, meiosis)이라고 하는군요. 난자와 정자가 만나면 염색체 수가 원상복귀가 되겠지요. 그래서 남녀가 결사적으로 만나는 건가 봐요.

폰 노이만 종족 보존의 본능은 처절한 면이 있지. 남녀가 만나는 건 유전자의 조합을 통해 종의 발전을 꾀하려는 면이 있다는 걸 잊지 말게.

세포의 분화

광자 이건 좀 다른 이야기지만 저는 세포를 생각하면 항상 궁금한 게 있어요. 아까도 이야기했지만 한 개체는 수정된 난자세포로 시작되는 것인데 개체가 자라면서 여러 다른 종류의 세포로 분화해서 제각기 다른 기능을 담당하잖아요. 어떻게 그런 일이 가능하지요?

폰 노이만 어머니의 뱃속에 들어 있는 태아의 경우에도 몇 주만 되면 벌써 손이나 눈 등이 구별될 정도가 되지. 광자가 말한 세포 분화는 사실 과학자들도 아직 잘 이해하지 못하는 신비에 속하는 부분이야. 물론 개체가 어느 정도 자라면 어떤 분화가 일어나서 어떤 조직이 생겨나라는 등의 정보가 모두 DNA에 들어 있다는 데는 의심의 여지가 없지만 말이야.

광자 정말 신기한 것은 아까 유전자의 복제에서 보았듯이 분자 단위의 반응은 상당히 빠르다는 거예요. 그런데도 몇 년 또는 몇십 년 정도의 시간을 두고 상당히 정확하게 어떤 일들이 일어난다는 말이에요.

폰 노이만 무슨 이야기인지 짐작이 가네. 광자도 요즘 여드름으로 고민하나?

광자 아이, 선생님도.

폰 노이만 그럼 날더러 죽을 나이가 되었다는 이야긴가?

광자 아니, 그럼 얼마를 살면 죽도록 프로그램이 되어 있다는 말씀인가요? 저는 노화는 체내의 바람직하지 못한 물질의 장기적인 축적의 결과로 생각했는데요. 자외선이나 우주선 등 피치 못할 외부의 영향도 있을 테구요.

폰 노이만 아직 단정하기는 이르지. 그런데 암을 일으키는 유전자도 알려진 것을 보면 모든 동물은 어느 정도 나이가 되면 죽도록 프로그램이 되어 있다는 생각이 들기도 하네.

광자 암이란 것도 결국은 세포의 분화와 관련이 있겠지요?

폰 노이만 세포가 자랄 시기와 그만 자랄 시기를 구별 못하는 게 문제니까 그렇게 말할 수도 있겠지.

광자 그럼 세포의 분화를 이해하는 것이 암 치료에 중요한 단서를 제공할 수도 있겠네요.

폰 노이만 기초 과학의 발전은 뜻하지도 않은 엄청난 축복을 가져오지.

광자 저희도 기초에 충실하도록 하겠습니다. 감사합니다.

19장

생명체는 자연선택에 의해 진화했다

"한 종이 확실히 구분되는 다른 하나의 종으로 바뀐다는 사실을 인정하지 않으려고 하는 주된 이유는, 우리 모두가 중간 단계를 확실히 볼 수 없는 커다란 변화는 쉽게 받아들이지 않는 경향이 있기 때문이다."

—다윈, 『종의 기원』에서

"세상을 보는 우리의 눈을 크게 바꾸어주는 위대한 사람은 질시와 두려움과 증오의 대상이 되게 마련이다."

—로렌 아이즐리, 『*Darwin's Century*』에서

진화에 대한 거부감

광자 뉴턴 선생님이 물리학 분야를 대표한다면 다윈 선생님이 생물학 분야를 대표한다는 사실에 반대할 사람은 별로 없을 거란 생각이 드는데요.

다윈 뉴턴의 역학과 만유인력의 법칙은 인간이 우주를 바라보는 눈을 근본적으로 바꾸어놓았지. 그에 비하면 내가 다룬 생물학적 진화는 최초의 다세포 생물이 생겨난 6억 년 전부터 생각한다 해도 불과 최근 수억 년에 일어난 일에 국한된 것이니까 감히 뉴턴에 비교할 수 있겠나?

광자 그야 생물학이 다루는 범주가 생명 현상에 국한된 것이니까 그럴 따름이지요. 그리고 엄격히 이야기하면 화학적 진화를 거쳐서 최초의 단세포 생물이 생겨난 약 40억 년 전부터 이미 생물학적 진화는 시작되었다고 볼 수 도 있지 않을까요?

다윈 관점에 따라서 그렇게 볼 수도 있겠군. 박테리아가 유일한 생명체인 기간이 30여억 년이 계속되었는데 그 긴 세월 동안 박테리아는 수많은 진화를 시도 해왔다고 보아야겠지.

다윈(Charles Darwin)

광자 시간에 대한 감을 잡기 위해 우주의 달력을 다시 동원해볼까요. 150억 년 우주의 역사를 1년으로 환산하면 지구의 형성은 9월 초순, 생명의 출현은 10월 초순경인데 12월 중순까지는 박테리아가 유일한 생명체였다는 말이지요?

다윈 흥미로운 일은 일단 세포가 어울려 지내는 비법을 터득하자 12월 17일경에는 소위 캄브리아 폭발(Cambrian explosion)이라는 종(種, species)의 엄청난 다양화가 일어나게 되지.

광자 진화의 시작을 언제로 보든지 간에 인간의 사고에 가져온 변혁을 생각한다면 선생님의 영향이 조금도 덜하다고 말할 수 없을 거예요. 뉴턴은 우주를 이해하는 문을 열었다면, 선생님은 생명을 이해하는 문을 열으셨으니까요.

다윈 우주와 생명이라, 하기야 둘 다 엄청난 주제이지.

광자 코페르니쿠스, 케플러, 갈릴레오, 뉴턴으로 이어지는 우주관의 변화는 그 동안 로마 교황청과의 갈등이 있기는 했지만 전반적으로는 큰 무리 없이 받아들여진 편인데, 선생님의 진화론은 아직도 갈등의 소지를 안고 있다고 보아야겠지요?

다윈 역시 생명의 문제는 인간 자신에 관한 문제이니까 상당히 민감한 사안일 수밖에. 물론 생물학의 성격상 진화를 설명하는 데 필요한 유전학이라든지 분자생물학의 발전은 천문학이나 역학의 발전보다 훨씬 뒤에야 이루어진 면도 있고.

광자 약 100년 전을 생각한다면 당시의 지성인 중에서 지동설을 받아들이지 않는 사람은 생각하기 어렵겠지요. 지금 과학을 어느 정도 이해하는 사람들 사이에는 진화론에 관해서 그 정도의 합의가 이루어져 있나요?

다윈 글쎄, 나더러 그 문제에 답을 하라니 입장이 거북하군. 물론 아직도 과학적인 진실을 외면하는 사람이 없지는 않겠지만 내가 듣기로는 이제는 진화를 부인하는 것은 지구의 회전을 부인하는 것이나 다를 바 없다고 하더군.

광자 하기는 선생님의 진화론이 발표된 지 이제 겨우 140년 정도밖에 안 되었으니까 사람의 생각이 바뀌는 속도 상수를 생각하면 아직 과거의 생각을 고집하는 입장도 이해가 가네요.

다윈 그렇게 간단하지는 않지. 과학의 발전 속도를 생각하면 갈릴레오 시대의 140년과 지금의 140년은 의미가 다르니까.

광자 하긴 그렇군요. 제 생각에는 진화를 받아들이기 어려운 이유 중의 하나는 진화론을 지지하는 유전학이나 분자생물학의 내용이 문외한에게는 너무 어렵다는 점이 아닐까 하는데요.

다윈 좋은 지적이야. 어쨌든 지동설이나 진화론이나 성서를 문자적으로 해석하는 입장과 충돌한다는 면에서는 공통점이 있는데,

지동설은 쉽게 받아들이면서도 진화론은 받아들이지 않는 사람들이 많은 걸 보면 아무래도 사람이 하등동물에서 진화했다는 생각에 대해서는 일단 정서적으로 거부감을 느끼는 것이 아닐까?

광자 저도 기분이 썩 좋지는 않지요.

다윈 일부 사람들이 아직도 나에게 대해서 느끼는 거부감에 비하면 아무것도 아니지. 어쨌든 진실이 중요한 것이고 과학의 입장에서는 주어진 사실을 놓고 합리적인 결론을 내리는 것이 마땅히 해야 할 일이니까.

광자 어떤 교수님은 별의 내부에서 만들어진 원자들이 천문학적인 시간과 천문학적인 거리를 넘어서 이렇게 너와 나를 만들어낸 일이 얼마나 대단한 것이냐 하는 관점에서 말씀을 하시더군요.

다윈 전적으로 동감이네. 그 과정에서 어떤 진화의 과정을 거쳤는가를 놓고 희비가 교차할 필요는 없는 거지.

광자 생명의 진화는 우주의 진화의 한 부분일 따름이지요.

다윈 그렇다면 그다지 거부감을 느낄 필요도 없겠지. 생명도 자연의 일부일 뿐 사람이 자연더러 이래라저래라 할 수는 없는 일 아닌가.

자연발생설의 부정

광자 선생님의 진화론이 나오기 이전에는 생물계를 어떻게 이해했나요?

다윈 우선 생명의 기원에 관한 생각을 알아보는 것이 좋겠지. 또 아리스토텔레스가 나오는데 그는 썩어가는 물체에 파리가 들끓는 것을 보고 썩는 물체에서 자연적으로 생물이 생겨난다고 생각했어.

광자 무생물로부터 생물이 자발적으로 생긴다는 이른바, 자연발생설(spontaneous generation)이군요.

다윈 다른 한편에서는 후에 생겨날 완전한 개체의 축소판이 이미 생겨서 정자나 난자에 들어 있다고 생각했고.

광자 둘 다 황당무계한 생각이군요.

다윈 17세기까지는 그런대로 제일 그럴듯한 생각이었지. 그러다가 영국의 하비(Harvey, 1578-1657)가 처음으로 모든 동물은 알에서 온다는 것을 증명해서 자연발생설을 부인했고, 1668년에 이탈리아의 레디(Redi, 1626-1697)는 망을 씌워놓은 고기에는 구더기가 안 생긴다는 간단한 관찰을 통해서 구더기는 자연히 생기는 것이 아니라 파리의 알에서 생긴다는 것을 증명했어.

광자 난자로는 안 되잖아요.

다윈 레디의 실험이 있은 지 약 100년 뒤에 역시 이탈리아의 스팔란자니(Spallanzani, 1729-1799)는 난자와 정자가 물리적으로 접촉을 해야만 새로운 개체가 태어난다는 것을 보여주었지.

광자 지금 생각하면 난자와 정자의 유전 물질의 조합은 진화의 중요한 방편을 제공하는 셈인데 물론 그때는 그런 생각을 할 수 없었겠지요?

다윈 유전 물질이라는 개념은 훨씬 뒤에야 등장하지. 나와 같은 시대 사람인 멘델이 유전의 법칙을 발견했지만 그도 개체의 형질을 결정하는 무엇인가가 단위가 되어서 일정한 규칙에 따라 자손에게 전달된다는 정도로 이해했을 뿐 어떤 물질이 그런 기능을 수행하는지는 전혀 몰랐거든.

광자 그래도 하비, 레디, 스팔란자니로 이어지는 관찰은 아주 중요해 보이는데요. 모든 생명은 그 개체의 특징을 결정해주는 어떤 물질로부터 출발한다는 점을 확실히 보여주었잖아요.

다윈 그렇지 않다면 나의 진화론도 있을 수 없었겠지. 어떤 환경에서 잘 살아남게 해주는 특성이 자식에게 전달된다는 것이 중요하고, 그러한 전달의 수단은 어떤 물질일 수밖에 없으니까.

린네와 종의 분류

광자 아무튼 17, 18세기에는 생명이 어떻게 시작되어서 발전했는가 하는 근본적인 문제에 대한 과학적인 접근은 불가능했겠군요. 그렇다면 그때에는 종(種, species)이라는 문제를 어떻게 생각했나요?

다윈 1691년에 영국의 레이(Ray, 1627-1705)가 『피조물에 나타난

신의 지혜(The Wisdom of God Manifested in the Works of Creation)』라는 책을 썼는데 여기서 레이는 외형과 해부학적 특징을 기초로 생물의 패턴을 기술했어. 그런데 이런 작업은 아리스토텔레스적인 고정된 종의 관념을 더욱 확고히 하는 결과를 가져왔지.

광자 성서적인 관점, 즉 신이 종을 하나하나 따로 창조했다는 생각이 주도했겠네요. 그런데 지금 사용되는 종의 분류 방법은 스웨덴의 린네(Carl Linnaeus, 1701-1778)가 만든 방법이라지요?

다윈 다양한 생물의 세계에 분류를 통해 질서를 부여하는 일은 엄청난 과제였지. 린네는 나뭇잎 하나, 꽃잎 하나, 작은 새 하나라도 빠뜨리지 않으려는 시인의 열정으로 모든 생물을 분류하고 이름을 붙여나갔어. 1735년에 출간된 『자연의 체계(Systema Naturae)』에서 린네는 지금도 사용되는 속(屬, genus)과 종의 두 이름을 사용하는 소위 이명법(二名法, binomial nomenclature)이라는 방법을 도입했지. 모든 생물을 7단계로 세분화해나가고 마지막의 두 단계인 속과 종을 명시하는 거야.

광자 사람을 호모 사피엔스라고 부르는 게 바로 린네의 체계군요. 선생님, 예를 들면서 생물의 분류를 자세히 설명해주시겠어요?

다윈 우선 제일 크게는 계(界, kingdom)가 있어. 린네는 모든 생물을 동물계(Animalia)와 식물계(Plantae)로 나누었는데 지금은 그 밖에도 원핵(原核)생물계(Monera, 박테리아와 시아노박테리아), 원생(原生)생물계(Protista, 해조, 편모충 등), 진균계(眞菌界, Fungi, 버섯, 곰팡이 등)를 추가해서 다섯 개의 계로 나누는 분류법이 제일 많이 사용되지.

린네(Carl Linnaeus)

광자 원핵생물계와 원생생물계의 차이는 무언가요?

다윈 원핵생물계는 세포 내에 핵이 없는 경우이고 나머지 원생생물계, 균계, 식물계, 동물계 세포는 핵을 가지고 있지.

광자 그러니까 박테리아는 약 40년 동안 원핵생물로 남아 있으면서 한편으로 다른 네 가지 계를 발전시켰군요.

다윈 그런 셈이지. 계의 다음 단계는 문(門, phylum)이라고 하지. 사람은 동물계에서도 척색동물(脊索動物, Chordata)문에 속하는 거야. 척색동물의 중요한 특징은 등을 따라 신경이 뻗어 있다는 점인데, 사람은 그 중에서도 척추동물(脊椎動物, vertebrate)이라는 아문(亞門, subphylum)에 속하지. 문 다음 단계는 강(綱; class)이라고 하는데 사람은 포유류(哺乳類, Mammalia)강에 속하고.

광자 물고기는 척추가 있지만 새끼를 젖을 먹여서 키우지는 않지요.

다윈 다음으로 목(目, order), 과(科, family), 속(屬, genus), 종(種, species)의 단계를 따라 분류가 되는 거야. 사람은 영장류(靈長類, Primate)목에 속하고.

광자 영장류의 특징은 뭔가요?

다윈 손가락과 발가락이 각각 다섯 개인 점, 움켜쥘 수 있도록 엄지 손가락을 가진 점, 또 가장 중요한 점이지만 비교적 커다란 두뇌를 가진 점 등이지.

광자 그런 점에서는 사람이나 침팬지나 다를 게 없겠네요.

다윈 사람이 속한 과는 Hominidae라고 하는데 두 발로 서서 걷는 점이 가장 뚜렷한 특징이지. 직립원인(*Homo erectus*), 최초로 도구를 사용한 호모 하빌리스(*Homo habilis*), 그리고 오스트랄로피테쿠스(Australopithecus)가 여기 속하는데 이들은 다 멸종했어. 호모(*Homo*)는 인속(人屬)을 의미하는데 이 중에서 인류(*Homo sapiens*)라는 종만이 유일하게 살아남은 거야.

광자 사피엔스라는 말은 뭘 의미하나요?

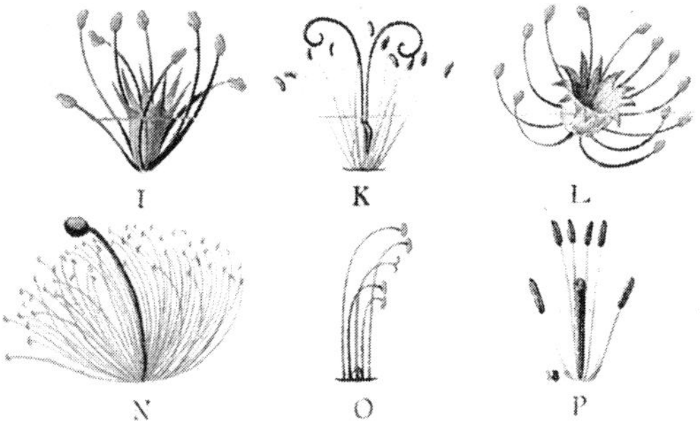

암술과 수술에 의한 린네의 식물의 분류

다윈 현명하다(wise)는 의미이지.

광자 힘이 센 종이 아니라 현명한 종이 살아남았다는 건 상당한 의미가 있는 것 같군요. 요즘 국제 경쟁도 결국은 머리 싸움이잖아요. 린네 이야기를 하다가 엉뚱한 데로 빠졌는데, 종이란 결국 무얼 의미하나요?

다윈 현대적인 의미에서 종이란 서로 교배를 통해서 자손을 번식할 수 있는 집단이라고 말할 수 있지.

광자 동양인과 서양인은 혼혈아를 나을 수 있으니까 같은 종이지만 원숭이와 침팬지는 다른 종이군요. 그런데 린네도 레이처럼 종은 변하지 않는다고 생각했나요?

다윈 중요한 점인데 린네도 처음에는 그렇게 생각했지만 『자연의 체계』의 나중 판에서는 새로운 종이 생겨날 수 없다는 말을 빼 버렸어.

광자 왜 그랬을까요?

다윈 아주 많은 종들을 채집하고 분류하다 보니 종들간의 차이도 많이 알게 되었지만 많은 경우에 종들간의 상관관계가 점차 드러나게 된 거지.

광자 그러니까 이 종은 저 종이 바뀌어서 생겨난 게 아닌가 하는 생각이 들었겠군요. 결국 린네에 의한 수많은 종의 관찰과 분류는 선생님의 진화론의 기반이 된 셈이네요.

다윈 나는 항상 린네에게 고맙게 생각하고 있지.

광자 자연에는 어떤 종들이 있나요?

다윈 대충 이야기해서 곤충이 75만 종, 양서류, 파충류, 어류, 조류,

포유류를 합쳐서 28만 종, 식물이 28만 종, 진균이 6만 9천 종, 원생생물이 3만 천 종, 그리고 박테리아가 5천 종 정도 있는 것으로 되어 있어.

광자 곤충이 유난히 많군요.

다윈 진화론을 적극적으로 변호해주었던 헉슬리(Thomas Huxley, 1825-1895)는 신은 유독 벌레를 좋아한다고 우스갯소리를 했지.

광자 종의 수만 보아도 이들이 하나하나씩 만들어졌다기보다는 변화에 의해서 이런 다양성이 생겼다고 보는 편이 타당할 것 같군요.

다윈 이 종들을 상호 관련성에 따라 정리해보면 박테리아 같은 단세포 생물에서 퍼져나간 모습이 드러나지.

초기의 진화론

광자 그런데 종이 바뀔 수 있다는 생각은 어떻게 발전되었나요?

다윈 나보다 앞서서 진화를 강력하게 주장한 사람으로는 바로 나의 할아버지인 이래즈머스 다윈(Erasmus Darwin, 1731-1802)과 라마르크(Lamarck, 1744-1829)가 있었어. 내 할아버지는 영국에서 유명한 의사였는데, 종은 환경의 변화에 대해 의도적으로 변화를 시도해서 필요한 특성을 획득한다고 주장했지.

광자 그건 좀 무리한 이야기 같군요. 어떻게 의도적으로 변화를 할 수 있겠어요?

다윈 그런 질문에 답을 할 수 없다는 약점이 있었지. 그런가 하면 라마르크는 어떤 기관은 많이 사용하면 발달하고 사용하지 않으면 퇴화한다. 그리고 이런 변화는 후대에 전수된다고 생각한 거야.

광자 말하자면 기린은 높은 나무에 미치려고 하다 보니 목이 길어졌다는 이야기군요. 그럴 듯하지 않아요? 선생님의 진화론과도 유사한 듯하고요.

다윈 라마르크의 용불용설(用不用說)은 내 생각과는 180도 다르지. 나는 어쩌다가 목이 길게 태어난 기린은 살아남기에 유리하니까 종자를 많이 퍼뜨리게 되었다는 입장이고, 라마르크는 살아남기 위해 남이 미치지 못하는 높은 나무를 지향하다 보니 목이 길어졌다는 입장이니까. 흥미있는 점은 라마르크는 이러한 변화를 생물이 아리스토텔레스적인 위계를 따라서 신의 창조를 완성하는 방향으로 진행하는 것으로 파악했다는 것이야.

광자 모든 변화는 발전하는 방향이라는 말이군요. 과연 그럴까요?

다윈 아무튼 라마르크는 자신의 이론을 뒷받침할 자료도 없고 해서 주위의 배척을 당했고, 결국은 눈이 멀고 가난에 시달리다 죽었어.

광자 그런데 기린의 목이 어떤 이유로 변했다 해도 시간이 상당히 걸렸을 텐데 천지창조가 5800년 전에 일어났다는 관점과는 아무래도 화해가 어렵겠지요?

다윈 진화론이 받아들여지는 과정에서 시간이 아주 중요한 요소였어. 그런데 여기저기에서 사람의 뼈가 이미 멸종된 동물의 뼈나 원시적인 석기와 함께 발굴되기도 하고 하면서 사람도 현재의 사람보다 원시적인 시기가 있었는가 하는 의문이 제기되었지.

광자 그 당시에 방사능 연대 측정법이 있었으면 좋았겠군요.

다윈 크게 도움이 되었겠지. 안 그래도 19세기에 들어와서는 라이엘 등에 의해 지구의 나이가 5800년보다는 훨씬 더 많다는 사실이 상당히 보편적으로 알려지게 되었기 때문에 내 생각을 발전시키는 데 크게 도움이 되었어.

광자 지질학이 진화에 필요한 시간을 제공했군요.

다윈 역시 과학의 여러 분야는 관련을 가지면서 발전하게 마련이야.

비글 호의 여행

광자 선생님의 어린 시절은 어땠나요?

다윈 나는 유복하게 자랐지만 여덟 살에 어머니가 돌아가셔서 큰누나 품에서 자랐어. 학교 공부는 안 하고 딱정벌레나 잡으러 다니고 해서, 이에 크게 실망하신 아버지가 "너는 너 자신과 집안에 망신거리가 될 거다"라고 말씀하시기까지 했지.

광자 아인슈타인 선생님의 아버지도 비슷한 이야기를 했다지요.

다윈 처음에는 의학을 하려다가 중단하고는 케임브리지 대학에서 신학을 공부하고 성직자가 되려고 했지. 그런데 일할 자리도 빨리 나지 않고 해서 그럭저럭하고 있는 판에 내 일생뿐 아니라 인류사의 방향을 바꾸어놓을 일이 일어난 거야. 내가 대학 때 박물학 공부를 좋아하는 바람에 헨슬로(Henslow)라는 식물학 교수와 가깝게 지냈는데, 이분이 추천을 해서 2년에 걸쳐 세계를 일주하는 대영제국 해군 탐사선 비글 호에 생물학자(naturalist)로 동승하지 않겠냐는 요청을 받게 된 거지.

광자 임무가 무엇이었나요?

다윈 눈에 띄는 모든 동식물을 채집하고 린네의 체계에 따라 분류하는 일이었지. 산호초의 연구도 중요한 임무였고.

광자 선뜻 수락하셨나요?

다윈 나는 세 번째 후보였는데 내 앞의 두 명이 사절을 했어. 두 번째 후보는 바로 헨슬로 교수였는데 부인의 반대로 못 가게 되었지. 그래서 나중에 성직자가 되더라도 폭넓은 경험이 도움이 되지 않겠느냐 하는 생각에 기꺼이 응하기로 했지. 사실 보수도 없는 자리였지만 나로서는 좋은 기회였거든.

광자 그래서 2년 동안 어디를 다녀오셨나요?

다윈 1831년 12월 27일에 영국의 플리머스를 떠나서 카나리 군도를 거쳐 남아메리카의 남단을 돌아 북상해서 갈라파고스 군도로 갔다가 그 다음에는 뉴질랜드, 오스트레일리아와 타스마니아, 마다가스칼과 희망봉을 거쳐 다시 브라질로, 거기서 영국으로 돌아왔지.

광자 많은 것을 보고 채집하셨겠네요.

다윈 시간이 많았지. 2년 예정이었던 항해가 5년이 걸렸거든. 그 동안 숱한 암석, 화석, 동식물을 수집하고 표본으로 만들어서 본국으로 보내는 등 할 일이 많았지. 그런 오랜 시간 동안에 여러 가지를 면밀히 관찰하는 과정에서 온갖 생물의 특성과 주위 환경과의 관계가 점차 머릿속에 떠올랐어.

광자 지루할 때는 없었나요?

다윈 다행히 떠날 때 헨슬로 교수가 준 라이엘의 『지질학의 원리』가 도움이 되었어. 훔볼트의 저서도 가지고 갔는데 훔볼트의 남아메리카 여행 경험을 되살려보는 것도 아주 격려가 되는 일이었지. 물론 라이엘이 논한 오랜 시간에 걸친 지질학적 변화를 두 눈으로 확인하면서 생물의 진화에 필요한 시간의 흐름을 실감할 수 있었던 것도 중요한 의미가 있었고.

광자 지질학적 변화가 급격했다면 거기에 맞추어서 진화가 따라갈 수 없었겠지요.

다윈 역시 시간은 진화의 중요한 요소야.

광자 갈라파고스 군도에서 진화론의 아이디어가 형성되었다는 말이 있던데요?

다윈 1835년에 비글 호가 갈라파고스 군도의 해안을 탐사하는 36일 동안에 나는 여러 가지 흥미로운 관찰을 했지만 일부 사람들이 생각하는 대로 거기서 당장 진화론이 모양을 갖춘 것은 아니야. 자료를 많이 모으기는 했지만 영국에 돌아온 후에야 차근차근 정리할 시간이 생겼으니까.

광자 갈라파고스에서는 어떤 중요한 관찰을 하셨나요?

다윈 갈라파고스는 스페인 말로 큰 거북이라는 뜻인데, 아닌게 아니라 여러 종류의 거북이들이 있더군. 그런데 여러 섬에 서식하는 거북이들은 크기나 맛, 그리고 껍데기의 모양, 색깔, 두께가 제각기 다르더라구. 그 지역의 여러 섬들 사이에는 강한 해류가 흐르고 있어서 거북이들은 섬들 사이를 왕래하지 못하고 제각기 다른 섬에서 그 환경에 적합하게 진화한 것으로 이해했지. 또 두 개의 떨어진 섬에 서식하는 핀치(finch)라는 작은 새는 부리의 모양이 다른 것도 관찰했어.

부리가 다른 여러 종류의 핀치들

광자 그 참새 비슷한 작은 새는 진화를 설명하는 고전적인 예가 되고 있다지요?

다윈 그래. 갈라파고스 군도에서 13종의 핀치를 발견했는데 크기나 색깔에는 큰 차이가 없는데도 불구하고 부리는 먹이에 따라 아주 적합하게 진화되어 있는 것을 볼 수 있었지.

광자 주로 차이에 주안점을 두셨나요?

다윈 아니, 그렇지만도 않아. 나는 왜 멀리 떨어진 장소에 있는 동물들이 아주 유사한가 하는 문제도 고려했지. 예를 들면 남아프리카의 타조는 남아메리카의 리어(rhea)라는 동물과 아주 닮았거든. 그런가 하면 갈라파고스 군도에서 발견되는 화석과 그곳에 지금 살아 있는 동물과의 차이는 왜 생기는가 하는 것도 문제였어.

광자 1836년에야 영국에 돌아오셨지요?

다윈 돌아오니 그 동안 헨슬로 교수에게 보낸 온갖 자료들 때문에 나는 꽤나 유명해져 있었지. 그래서 곧바로 나는 여기저기 불려 다니면서 다양한 제목의 논문들을 계속 발표하게 되었어.

광자 원래 하시려던 성직자의 길은 어떻게 되었나요?

다윈 생명의 다양성과 그들 사이의 관련을 연구하는 데 반해서 진로를 아주 바꾸고 말았지.

맬서스의 인구론과 적자생존

광자 영국에 돌아와서 곧 진화론을 발표하셨나요?

다윈 시간이 좀 걸렸지. 1837년 7월부터 나는 갈라파고스 군도에서 내 머리에 자리잡기 시작한 종의 변환(transmutation of species)에 대한 생각을 정리하기 시작했어.

광자 물리학에서는 원자핵의 변환에 의해 한 원소가 다른 원소로 바뀌는데, 생물학에는 종의 변환이 있군요.

다윈 그거 재미있는 생각이군. 우연히 그 즈음에 나는 유명한 경제학자인 맬서스(Thomas Malthus, 1766-1834)의 『인구론』을 읽게 되었지. 맬서스는 그 책에서 "인구의 증가와 그에 따른 식량에 대한 요구는 항상 식량의 공급을 초과하게 마련이다. 따라서 한정된 식량에 대한 끊임없는 경쟁이 있을 수밖에 없다"라고 주장하고 있었어.

광자 거기에서 아이디어를 얻으셨군요.

다윈 1838년 10월 어느 날, '그렇다면 살아남기에 적합하게 변형된 것들은 보존될 테고 부적합한 것들은 도태될 것이다'라는 생각이 갑자기 머리에 떠올랐지.

광자 적자생존(適者生存, survival of the fittest)이란 그걸 두고 하는 말이군요. 아까 기린의 목에 관한 라마르크와의 견해 차이가 다시 생각나는데요, 그러니까 어떤 이유로 목이 좀 긴 기린이 생겼다 하면 먹이가 많을 때는 별 차이가 없겠지만 기린의 수가 너무 많아졌다든지 다른 동물과 경쟁을 해야 되는 입장이 되었다든지 하면 높은 나무에 입이 닿는 쪽이 유리하게 된다는 거지요?

다윈 이때 어떤 기린이 살아남을지를 선택한 건 누구일까?

광자 선택이라니 무슨 말씀이지요?

다윈 기린 자신이 목을 길게 해서 살아남기로 선택했다고 보기는 어렵지.

광자 그렇겠지요. 한 세대 동안에 이루어질 수 있는 일은 아니니까요.

다윈 오랜 세월을 두고 작은 변화들이 살아남기에 유리한 방향으로 축적되었다면 선택은 결국 자연에 의해 이루어졌다고 볼 수 있지 않겠어?

광자 그래서 자연선택(natural selection)이라는 말이 쓰이는군요.

다윈 재미있는 것은 자연선택에 의한 종의 변이가 경우에 따라서는 단시간 내에 관찰될 수 있다는 점인데 그에 관한 유명한 예가 있지. 영국에는 밝은 색 나방만 있었는데 1845년에 맨체스터 지방에서 어두운 색의 나방이 처음 발견되었어.

광자 돌연변이(mutation)로군요.

다윈 그런데 석탄을 많이 때서 나무 껍질에 그으름이 앉게 되자 50년 후에는 99퍼센트의 나방이 어두운 색이었지.

광자 눈에 잘 띄는 나방은 새에게 쉽게 잡아먹혔군요.

다윈 요즘은 실험실에서 박테리아를 가지고 유사한 실험을 한다더군. 페니실린을 넣고 박테리아를 배양하면 대부분은 죽지만 얼마 후에는 페니실린에 대한 내성을 가진 박테리아의 독무대가 된다지.

동시에 발표된 진화론

광자 진화론은 결국 언제 발표되었나요?

다윈 1844년에 생각이 비로소 정리가 되어서 일단 소논문으로 요약을 하고 라이엘을 포함해서 몇 사람 가까운 친구에게 보여주었어.

광자 금방 받아들이던가요?

다윈 라이엘도 처음에는 잘 안 믿었지만 곧 수긍을 했지. 그래도 워낙 논란의 소지가 많은 내용이라서 라이엘은 나에게 절대로 논쟁에 휩쓸리지 말라고 충고를 해주었어. 그래서 나는 일을 다 마치면 원고를 아내에게 맡겨서 내가 죽은 후에 출간하게 하려고 했지.

광자 뉴턴이 『프린키피아』를 서둘러 출간하지 않은 일이 생각나는군요. 그 후에도 자료를 정리하는 일은 계속되었겠지요?

다윈 자료가 워낙 많았으니까. 자료가 정리될수록 나의 진화론은 더욱 확실하게 자리를 잡아갔어. 그런데 1858년 6월에 뜻밖의 일이 일어났지. 말레이시아에 있는 동료, 월리스(Alfred R. Wallace, 1823-1913)로부터 편지를 받았는데, 동봉한 원고를 읽어보고 타당한 것 같으면 생물학 저널에 게재될 수 있도록 도와달라는 내용의 편지였어.

광자 어떤 내용의 원고였는데요?

다윈 믿어지지 않았어. 자연선택에 의한 종의 기원을 설명하는 내용이었거든. 어휘나 서술하는 순서까지도 너무나 비슷했지.

광자 요즘 같으면 표절 시비가 붙었겠는데요.

다윈 도저히 그럴 가능성은 없었지. 우리는 동떨어진 곳에서 따로 일하고 생각하고 있었으니까. 또 하나 우연의 일치는 두 사람 다 라이엘의 『지질학의 원리』와 맬서스의 『인구론』에 깊이 영향을 받았다는 점이야.

광자 그때 선생님의 책은 얼마나 진전이 되어 있었나요?

다윈 나는 이미 약 1만 점의 자료를 분석했고, 원고도 25만 단어를 기록했지.

광자 그래서 어떻게 하셨나요?

다윈 내가 하던 일을 잘 아는 라이엘에게 의논했지. 라이엘과 후커 교수는 과학계 전체를 위해서 두 사람의 공동 논문으로 하는 것이 좋겠다고 결정하고 린네 학회에서 발표하도록 했어.

월리스

광자 반응은 어땠나요?

다윈 처음에는 별로 주의를 끌지 못했어.

광자 『종의 기원(The Origin of Species)』은 언제 출간되었나요?

다윈 1859년 11월 24일에 초판 1,250부가 나왔는데 당일로 매진되었지.

광자 월리스와는 그 이후 잘 지내셨나요?

다윈 월리스는 내 저서를 보고 내가 훨씬 더 진화론에 대해 오래 철저히 연구해왔다는 것을 인정했지. 나도 월리스의 업적을 칭찬했고.

광자 두 분이 참, 신사적으로 어려운 문제를 해결하셨군요. 요즈음에는 생각하기 어려운 일이지요.

다윈 옛날에는 무슨 대단한 연구비를 받는 것도 아니고 각자 자기가 좋아서 연구를 했으니까 훨씬 여유가 있었지.

진화론에 관한 논쟁

광자 아직도 학교에서 진화론을 가르치는 문제를 놓고 논란이 있고, 진화론을 가르치려면 창조론도 가르쳐야 한다는 주장도 있는데요, 당시 진화론과 종교와의 갈등은 지금보다 더 심했겠지요?

다윈 처음에는 생물학을 하는 사람들도 회의적이었지만 내가 죽기 전에 대부분이 진화를 받아들였지. 그런데 반대하는 사람들은 아예 나를 영국에서 제일 위험한 인물로 찍어놓고 공격을 퍼부었어.

광자 선생님 편을 든 사람들도 있었겠지요?

다윈 나는 처음부터 입을 다물었고 후커, 헉슬리, 월리스, 라이엘 같은 지식인들이 나서서 진화론을 옹호했지.

광자 아무래도 보수적인 종교인들은 진화론을 받아들일 수 없었겠지요?

다윈 진화론이 옳다면 창세기에 기록된 창조에 관한 이야기가 틀릴 수밖에 없으니까 보통 문제가 아니었지. 1860년에 옥스퍼드에서 윌버포스(Wilberforce) 감독과 헉슬리 사이에 유명한 논쟁이 붙었는데 감독이 헉슬리에게 원숭이는 당신의 할아버지 쪽이냐 할머니 쪽이냐 하고 짓궂게 물었거든. 그러자 헉슬리는 자기의 지능을 과학적인 문제를 우스개로 만드는 데 사용하는 감독보다는 차라리 원숭이를 할아버지로 택하겠다고 응수했지.

광자 멋진 대답이었군요. 그런데 선생님은 정말 사람이 원숭이에게서 나왔다고 믿으셨나요?

다윈 나는 그렇게 말한 적은 없고 단지 원숭이와 사람은 공통된 조상을 가지고 있을 것이다라고 말했을 뿐이야.

광자 훨씬 듣기가 좋네요. 그런 공통 조상의 뼈가 발견되었다고 들은 것 같은데 맞나요?

다윈 2천만 내지 1천만 년 전에 프로콘술(proconsul)이라는 동물이 있었고 그것으로부터 원숭이와 사람의 계통이 갈라졌다고 생각하고 있지.

광자 그럼 지금 사람에 가까운 화석은 어떤 것이 있나요?

다윈 제일 유명한 것이 1974년에 발견된 루시(Lucy)라는 별명이 붙은 오스트랄로피테쿠스야. 약 350만 년 전에 에티오피아의 삼각지대에 살고 있었다고 추정되고 있지.

광자 요즈음에는 유전자 지도를 통해서 인류는 아프리카에서 시작되었다는 것이 정설이 된 모양이더군요.

다윈 그래? 사실은 나도 현생 인류 조상의 화석은 언젠가 아프리카에서 발견될 거라고 예언했거든.

광자 진화라는 방법을 통해서 신의 창조가 이루어진다고 보는 사람들도 있겠지요?

다윈 실제로 많은 개신교 신학자나 과학자들은 그런 식으로 큰 부담없이 진화를 받아들였어.

광자 최근에는 로마 교황까지 진화론을 용납하는 듯한 입장을 보였잖아요.

다윈 갈릴레오를 파문시킨 것을 해제한 뒤의 일이지.

광자 그야 순서가 그렇게 되니까요.

다윈 사실은 그보다 앞서 1950년에 비오 12세가 창세기의 내용은 인류가 어떻게 해서 태어났나를 상징적으로 표현한 것이지 과학적으로 설명한 것은 아니라는 입장을 밝힌 바가 있었어.

광자 제 생각에도 과학과 종교는 제각기의 영역이 있고, 대립적이기보다는 상보적으로 우주와 인간의 문제를 다루어야 할 것 같아요.

다윈 동감이네.

광자 어쨌든 진화론은 지동설에 못지않은 충격을 안겨주었고 우주에서 인간의 위치를 다시 한번 생각하게 하는 계기를 마련해 주었다고 생각해요. 좋은 말씀 감사합니다.

20장

생명체는 같은 유전 암호를 사용한다

"나는 핵산의 단순성에는 그럴 만한 이유가 있으리라 생각한다. 그 이유는 아마도 생명의 기원까지 거슬러올라갈 것이다. 그때 생명의 메커니즘이 단순하지 않았다면 생명은 시작되지 못했을 것이다. 이중 나선은 참으로 놀라운 분자이다. 현대 인류의 나이는 5만 년 정도밖에 안 되지만 DNA와 RNA는 적어도 수십억 년이나 있어왔다. 그러나 우리가 지구상에서 처음으로 그런 분자들을 인식하는 존재가 되었다."

—프랜시스 크릭

자연의 조망

광자 크릭 선생님, 그 동안 저는 여러 자연과학의 대가들로부터 우주의 시작에서부터 별들의 진화를 통하여 여러 가지 화학 원소들이 만들어진 과정, 그리고 태양계 내에서 지구의 특수 상황하에서 화학적 진화 또 생물학적 진화가 일어난 과정을 대충 알아보았어요.

크릭 다행인 줄 알게. 내가 자네 나이일 때는 우주와 생명의 역사를 단편적으로 이해하는 데 만족해야 했네.

광자 저도 21세기 초에 자연과학도가 된 것을 행운으로 생각합니다. 물론 여기저기 불충분하고 의문이 남아 있는 부분이 많이 있다고는 하지만 유사 이래 이만큼 자연을 거시적으로 조망할 수 있게 된 것은 최근의 일이 아니겠어요?

크릭 그렇구말구. 벤저민 프랭클린의 말이 생각나는군.

광자 프랭클린이라면 미국의 정치가, 외교가이자 과학자였던 다재다능한 사람이었다지요?

크릭 그래. 프랭클린은 인간의 지식이 급속히 증가해서 당시에는 상상도 하지 못하는 일들이 발견될 텐데, 너무 빨리 태어나서 미래에 알려질 일들을 아는 즐거움을 놓칠 것을 생각하면 자신이 불쌍하다는 생각이 든다는 말을 했지.

광자 인간의 지성에 대해 긍정적인 견해를 가졌었군요.

크릭 그런가 하면 19세기 말의 미국 특허청장은 이미 발명될 만한 것은 다 발견되었다는 근시안적인 발언을 했지.

광자 텔레비전도 컴퓨터와 인터넷도 발명되기 전에 말이에요?

크릭 그렇다니까. 아무튼 지금은 과학의 여러 분야간의 구분이 모호해지고 대신에 자연 전체의 윤곽이 드러나는, 과학의 역사상 특이한 시점이야.

광자 특히 생명에 대한 이해의 발전은 놀랍다는 생각이 드는데요, 선생님께서도 중요한 기여를 하셨지요?

크릭 왓슨이라는 젊은이와 의기투합해서 생명의 본질적인 물질인 DNA의 구조를 밝히는 행운을 얻었지.

광자 그 이야기를 좀 들려주세요.

크릭 그러자면 유전에 관해 좀 이야기를 해야 되는데.

광자 다윈 선생님에게서 진화론에 관해 좀 배웠으니까 멘델 선생님의 유전 법칙에서 시작하면 어떨까요?

유전 법칙의 발견

크릭 다윈도 어떤 종의 특징을 결정하는 무엇인가가 다음 세대로 전달된다는 것은 알았지만 그것이 무엇인지는 몰랐어. 그런데 다윈과 거의 같은 시대에 지금의 체코슬로바키아에 있는 한 지방의 브르노(Brno) 수도원에서 기거하던 멘델(Gregor Mendel, 1822-1884)이라는 수도승이 유전학의 기본이 되는 중요한 법칙을 발견하게 되지.

광자 우선 그 이전에는 유전에 대해 어떤 생각을 가지고 있었나요?

크릭 막연히 피를 통해 유전이 일어나는 게 아닌가 생각했었지.

광자 저희 나라에도 "피는 못 속인다"는 말이 있지요.

크릭 그래? 그런데 아이로니컬하게도 적혈구에는 핵이 없고 따라서 유전 물질인 DNA도 없지.

광자 어떻게 수도원에서 그런 발견이 이루어졌지요?

크릭 중세부터 유럽에는 여러 교단에서 자유로운 학문 연구를 지원하는 풍토가 있었어. 브르노 수도원은 아우구스티누스 교단에 속했는데 멘델을 비엔나 대학에 유학까지 시켜주었어.

광자 그러고 보니 코페르니쿠스도 비슷한 경우였던 것 같군요.

멘델

크릭 아무튼 1856년부터 멘델은 수도원의 뜰에 완두콩을 심고 콩의 색, 모양, 줄기의 길이 등 일곱 가지 형질이 어떻게 유전되나를 체계적으로 조사했지.

광자 어떤 결론이 얻어졌나요?

크릭 지금까지도 흔들리지 않는 다섯 가지의 중요한 결론이 얻어졌는데 하나씩 이야기해볼까. 첫째는 생명체의 물리적인 특징 하나하나는 모두 특정한 '유전 요인'에 의해 결정된다는 거야.

광자 그 유전 요인이란 게 바로 유전자(gene)지요?

크릭 그래. 대장균은 약 4천 개, 사람은 약 4만 개의 유전자를 가지고 있지. 둘째는 이 유전 인자는 모두 쌍으로 존재한다는 거야.

광자 그럼 제 머리카락 색을 결정하는 유전 인자도 검은색, 금발 이렇게 쌍으로 들어 있다는 말인가요?

크릭 금발인지 아닌지는 모르겠네. 그건 자네 족보를 봐야 알 수 있는 일이고. 셋째는 아버지의 쌍 중에서 하나, 어머니의 쌍

완두콩의 유전

중에서 하나가 자식에게 전달된다는 거야. 물론 유전 인자 하나하나에 대해서 이런 일이 일어나지. 넷째는 아버지나 어머니의 유전 인자의 쌍 중에서 하나하나는 똑같은 확률로 자식에게 전달된다는 거야.

광자 그럼 네 가지 조합이 가능하겠군요. 아버지 a-어머니 a, 아버지 a-어머니 b, 아버지 b-어머니 a, 아버지 b-어머니 b 이런 식으로 말이지요.

크릭 맞아. 다섯째는 유전 인자에는 우성(優性, dominant)인 것과 열성(劣性, recessive)인 것이 있다는 거야.

광자 그러니까 부모에게서 하나씩 인자를 받으면 그 중에서 우성인 인자의 특성이 나타난다는 이야기군요.

크릭 잘 넘겨짚었네. 멘델의 실험 경우에는 콩알이 매끈한 것과 노란색이 우성, 쭈글쭈글한 것과 초록색이 열성이었지. 자식에게서 열성이 나타날 확률은 얼마일 것 같은가?

광자 부모 양쪽에게서 다 열성을 받아야 열성이 나타날 테니까 25 퍼센트라고 보면 되겠군요. 물론 멘델이 그런 결과를 관찰했겠지요?

크릭 멘델은 순수한 우성 라인과 순수한 열성 라인을 교배하면 모두 우성이 나타나지만 그것을 자체 수정하면 그 다음 세대에서는 우성과 열성이 3대 1로 나타나는 것을 관찰했어.

광자 상당히 많은 실험과 관찰을 했겠군요.

크릭 수천의 그루의 콩을 조사했지. 일곱 가지의 특성이 섞여나오니 해석하기 간단하지 않았을 거야. 그래서 1866년에 멘델의 논문이 발표되었을 때 주위에서는 멘델이 한 일을 수학이라고 생각하고 별로 거들떠보지도 않았지.

유전 물질은 DNA

광자 멘델도 유전 인자가 어떤 물질인지, 또 그것이 어떻게 실제로 유전이 되는지는 몰랐겠지요?

크릭 1870년대에 세포분열이 발견되면서 핵 속에 들어 있는 염색체가 유전에 관여한다는 것은 알았지만, 그것이 구체적으로 어떤 물질인지는 20세기 중반에 와서야 알려졌어.

광자 그 과정에서 누가 중요한 발견을 했나요?

크릭 실상 DNA라는 물질이 발견된 것은 1869년이었지. 스위스의 생화학자 미셔(Miescher)가 세포핵 속에서 산성을 띠는 어떤 물질을 추출하고 이를 핵산(核酸, nucleic acid)이라고 불렀는데 이게 얼마나 중요한 물질인지는 모르고 넘어간 거야.

광자 자연계에서 제일 중요한 분자를 든다면 선생님은 핵산을 드실 것 같다는 생각이 드는데 맞나요?

크릭 핵산은 나 개인적으로 애착이 가는 화합물이기도 하지만 안 그렇다 하더라도 생명의 핵심 물질이니 그에 비견할 만한 것은 많지 않겠지. 광자는 그 밖에 어떤 화합물을 들겠나?

광자 글쎄요, 물, 포도당, ATP, 아미노산도 모두 중요하지 않겠어요?

크릭 물론이지. 그 다음의 중요한 발전은 영국의 세균학자인 그리피스(Griffith)에 의해 이루어졌어. 그리피스는 피막을 만들지 못해서 동물에 감염되어도 폐렴을 일으키지 못하는 폐렴균의 변종(mutant)을 가지고 실험을 했지. 그런데 폐렴을 일으키는 정상적인 폐렴균(wild type *Pneumococcus*)을 열처리로 살균한 다음에 그것을 변종에 섞어주었더니 주사한 쥐가 폐렴에 걸린 거야.

광자 선생님, 잠깐만이요, 그러니까 열처리한 폐렴균은 쥐에게 폐렴을 안 일으키고, 또 그리피스가 사용한 변종도 폐렴을 안 일으켰다는 말이지요?

크릭 그 차이를 설명할 수 있겠나?

광자 열처리는 단백질을 변성(變性, denature)시킨다고 알고 있어요. 변종의 경우에는 피막을 만드는 유전자가 결핍되어 있다고 하셨고요.

크릭 나는 단지 피막을 만들지 못한다고 말했지만 그 이유는 광자 말대로 그에 필요한 유전자가 결핍되어 있기 때문이지.

광자 다른 이유로 피막을 만들지 못하는 경우도 있다는 말씀인가요?

크릭 없다고 할 수는 없겠지.

광자 그런데 제각기는 폐렴을 못 일으키는 두 가지를 섞으니까 쥐가 폐렴에 걸려 죽었다, 따라서 열처리한 폐렴균에서 피막을 만드는 데 관여하는 어떤 물질이 변종에게 전달되어서 피막을 만들 수 있게 되었다, 이런 이야기가 되나요?

크릭 잘 이야기했어. 좀 보탠다면 이 옮겨진 유전 물질은 열에 안정한, 다시 말해서 단백질이 아닌 물질이라는 것을 알 수 있고, 변종 폐렴균은 그 유전자가 없어서 문제였지 다른 모든 필요한 것들은 다 갖추고 있었다, 그런 말이야.

광자 유전자를 복제하거나 유전 정보로부터 필요한 단백질을 만들어내는 기구 말씀이지요?

크릭 맞았어. 그 후 1944년에 미국의 오스왈드 에이버리(Oswald Avery), 맥레오드(MacLeod), 맥카티(McCarty) 팀이 중요한 발견을 했지. 이들은 박테리아를 대량으로 배양하고 그로부터 여러 단계를 거쳐서 내용물을 추출하고 분리하면서 그리피스가 관찰했던 유전 물질을 추적해나갔어. 나중에 그 물질을 순수한 상태로 정제하고 보니 그것이 바로 미셔가 발견했던 DNA였지.

광자 퀴리 부부가 피치블렌드에서 소량의 라듐과 폴로늄을 분리했던 일이 생각나는군요.

크릭 분리는 아주 중요하지.

광자 그러니까 열처리한 폐렴균을 섞어주는 대신에 소량의 DNA를 넣어주면 변종의 폐렴균이 쥐에 폐렴을 일으키는 정상적인 폐렴균으로 바뀐다는 말이군요.

크릭 그런 의미에서 당시에는 형질변환 인자(transforming factor)라는 말이 널리 쓰였어.

광자 그런데 그 물질이 DNA라는 것을 어떤 방법으로 증명할 수 있을까요?

크릭 우선 정제한 물질의 원소 분석을 해보아야겠지. DNA라면 질소와 인이 많이 들어 있거든. 분자량을 알아보기 위해서는 원심분리나 전기영동 같은 방법을 이용했을 테고. 또 한 가지 중요한 방법은 그 물질을 단백질을 분해하는 효소(protease)와 DNA를 분해하는 효소(DNAse)로 처리해서 폐렴균을 변형시키는 기능이 유지되는지 상실되는지를 조사하는 거야.

광자 그러니까 에이버리가 분리한 물질을 단백질 분해 효소로 처리했을 때는 기능이 유지되지만 DNAse로 처리한 경우에는 기능이 상실되었겠군요. 얼마 전에 관심을 끌었던 광우병을 일으키는 인자는 핵산이 아니라 단백질이라는 사실이 알려졌다고 신문에서 읽었는데요, 그 경우에도 효소의 효과를 보았겠군요?

크릭 광자의 상식 수준에 놀랐는데. 그런 사실을 밝힌 프루시너(Pruisiner) 교수는 1997년 노벨 의학생리학상을 수상했지. 다시 DNA 얘기로 돌아가서 1952년에 미국의 콜드 스프링 하버 연구소에 있던 허시(Hershey)와 체이스(Chase)는 박테리아를 감염시키는 바이러스를 연구해서 실제로 박테리아를 침투하는 부분은 바이러스의 단백질이 아니라 DNA라는 사실을 밝혔어.

광자 어떤 방법으로 그런 것을 알아낼 수 있었나요?

크릭 아주 간단한 방법이었지. 바이러스는 DNA와 그것을 둘러싼 단백질 두 부분으로 되어 있거든. 허쉬가 한 일은 바이러스 DNA의 인(燐, phosphorus)의 일부를 방사성을 가진 ^{32}P로 치환시키고 단백질의 황(黃, sulfur)의 일부는 ^{35}S로 치환시킨 다음에 박테리아를 감염시킨 거야. 그리고는 박테리아에 ^{32}P가 들어갔는지 ^{35}S가 들어갔는지를 조사하는 거지.

광자 물론 DNA에는 황이 없고 단백질에는 인이 없으니까 가능한 이야기지요? 그것 참, 재미있는 실험이었겠어요.

크릭 방사능의 발견이 없이는 생각할 수 없는 일이지. 허쉬는 1969년에 델브뤽(Delbrück), 루리아(Luria)와 함께 노벨 의학생리학상을 수상했어. 에이버리는 아깝게도 이미 타계했고.

생명과학의 새로운 지평

광자 유전 물질의 정체를 밝힌 것은 참으로 중대한 업적이라고 생각되는군요. 21세기는 생명과학의 시대라고도 하는데 사실 유전공학의 기술로 의약품이나 식품을 다량 생산한다든지 유전 질환을 근본적으로 치료한다든지 하는 일은 모두 DNA 차원에서 접근해야 하지 않겠어요?

크릭 요즘 복제 양이니 복제 젖소니 떠들썩한 것도 모두 유전 물질을 다룰 줄을 알기 때문에 가능한 일이지.

광자 〈쥬라기 공원〉도 마찬가지지지요?

크릭 그야 공상적인 이야기이고. 현실성이 없는 내용이기는 하지만 그래도 유전자 조작의 의미를 대중화한 공로는 인정할 만하지.

광자 소위 유전공학이 처음으로 실용화된 건 어떤 일이었나요?

크릭 대장균을 이용해서 인슐린을 생산해낸 일이지. 과거에는 인슐린을 돼지의 췌장에서 분리했거든. 그러니 양도 제한되고 값도 비쌌어.

광자 생명의 기본적인 이해가 바로 현실적인 문제의 해결로 응용되었군요.

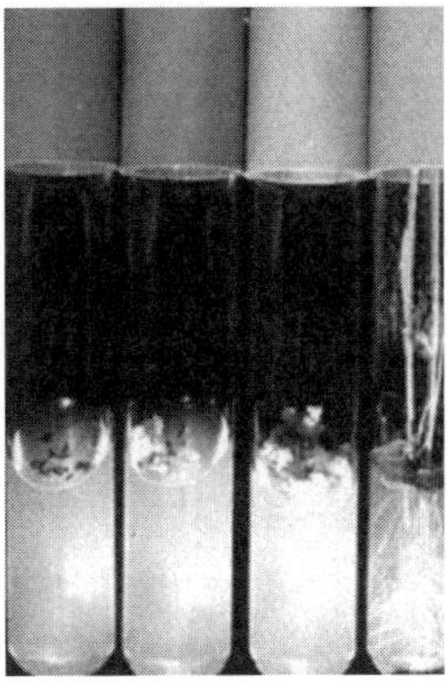
유전자 조작된 식물

크릭 기초과학과 응용과학의 구분은 이제는 의미가 없어졌네.

광자 제가 어디에서 읽었는데요, 과거의 농업혁명, 산업혁명, 정보혁명에 비교할 만한 규모의 기술적인 혁명이 식물의 유전자 조작으로 일어날 거래요.

크릭 오랫동안 《사이언스》 지 편집장을 맡았던 에이블슨(Philip Abelson)이 사이언스 칼럼에서 한 말이지. 나도 읽었네.

광자 왜 식물을 강조했을까요?

크릭 우선 앞으로 닥칠 인류의 가장 심각한 문제가 무엇일까를 생각해보아야겠지.

광자 20세기 초에는 인구의 증가와 농업 생산성의 한계가 심각한 문제였다던데요. 식량 문제는 하버-보슈 공정 덕분에 해결되지 않았나요?

크릭 물론 지금 전 세계의 곡물 생산량은 세계 인구를 먹여 살리기에 충분한 양이기는 하지. 분배의 문제로 기아에 허덕이는 사람이 많지만 말이야.

광자 그럼 앞으로는 식량 문제가 다시 대두될 거라는 말씀인가요?

크릭 맬서스가 말한 대로 식량 생산이 인구 증가를 못 따라가는 상황이 또 닥칠걸세.

광자 진화론에서는 그런 외부적인 압박이 종의 진화의 근본적인 요인이 된다고 하던데요.

크릭 그 과정에서의 고통을 줄이고 함께 살아가는 현명한 방도를 찾는 것도 생존자가 되기 위한 요건의 하나이지.

광자 유전공학에서는 박테리아를 많이 이용하던데 박테리아를 이용해서 식량을 생산하는 편이 유리하지 않을까요?

크릭 물론 생각해보았지. 그런데 광자라면 박테리아로 구수한 빵을 만들었다면 먹겠어?

광자 아사 직전이 아니라면 내키지 않겠지요. 박테리아에서 단백질을 분리해서 사용한다고 해도 돈을 주고 살 것 같지는 않군요.

크릭 그것 보게. 게다가 단백질이나 탄수화물이나 간에 분리를 해야 한다면 고기보다 더 비싸질지도 모르지.

광자 역시 아예 벼나 콩 같은 식물을 이용하는 편이 현명하겠군요.

크릭 이미 사용하고 있는 작물에 국한할 필요는 없어. 오히려 엉뚱한 쪽으로 생각을 돌려야 남보다 앞서게 되지.

광자 야산에서도 잘 자라는 아카시아 나무에 영양가가 높고 먹음직한 열매를 열리게 한다, 이건 어때요?

크릭 이모작까지 된다면 더욱 좋겠지.

광자 병충해에 강한 것도 중요하지요. 아니 아예 노화 억제제나 비만 예방 성분을 자체 생산해서 먹을수록 건강해진다면 금상첨화겠지요?

크릭 상상력의 한계가 바로 가능성의 한계인 듯싶구먼. 너무 성급히 많은 것을 기대하면 안 되겠지만 엄청난 가능성이 있는 것은 틀림없네.

광자 저는 채소보다는 고기를 좋아하는 편인데요, 식물보다 동물의 유전자 조작을 연구해주었으면 저로서는 더 감사하겠는데요.

크릭 광자는 기른다는 면에서는 어느 쪽이 유리할 것 같은가?

광자 박테리아는 실험실에서 양분을 주어가며 배양을 해야 하지만, 식물은 농장에 심어주면 스스로 광합성을 하니까 훨씬 유리하겠지요. 그리고 동물은 가만히 서 있지를 못하고 돌아다니니까 관리하기도 힘들고 에너지 낭비도 되겠지요.

크릭 지금 키 포인트가 되는 얘기를 했네.

광자 에너지 효율 말씀인가요?

크릭 그래. 식물이 광합성을 해서 저장해놓은 에너지를 동물이 먹고, 어떤 동물은 또 그 동물을 먹고 하는 도중에 에너지는 계속 열로 달아나는 거야.

광자 아, 엔트로피 증가의 법칙 말씀이군요.

크릭 바로 그거지.

광자 저도 인류의 식량 문제를 생각해서 고기보다는 채소를 많이 먹어야겠네요.

크릭 잘 생각했네. 어차피 채소가 몸에 좋으니까.

이중 나선 구조

광자 그런데 DNA가 유전 물질인 것을 알았다 해도 유전자를 조작하려면 DNA의 구조를 알아야겠지요?

크릭 구조(structure)와 기능(function)은 직결되어 있으니까.

광자 구조와 기능이라는 말은 많이 따라다니던데 어떤 의미인지 좀 설명해주세요.

크릭 간단한 예로 광자가 저녁에 집에 들어갈 때 아파트 문을 여는 열쇠의 기능은 무엇에 달려 있나?

광자 자물쇠에 맞는 열쇠의 구조를 말씀하시는 거군요.

크릭 폰 노이만 기계를 생각해보지.

광자 어느 부분을 복제하는 경우에 필요한 부품을 가져오는 기능과 그 부품들을 조립하는 두 가지 기능만 생각해도 그 일을 하는 데는 전혀 다른 구조가 필요하겠지요. 하기는 건축에서도 구조와 기능을 논하더군요.

크릭 생체에서 일어나는 반응을 이해하는 데는 구조의 이해가 필수적이지.

광자 그래서 X-선 회절 방법으로 고분자의 구조를 결정하는 일에 많은 사람들이 심혈을 기울이고 있군요.

크릭 DNA의 구조 결정에도 로잘린드 프랭클린(Rosalind Franklin)이 얻은 X-선 회절 사진이 아주 중요한 몫을 했지.

광자 DNA의 이중 나선 구조 결정에 관한 뒷이야기는 왓슨 선생님이 쓰신 『이중 나선(Double Helix)』에서 재미있게 읽었어요. 그런

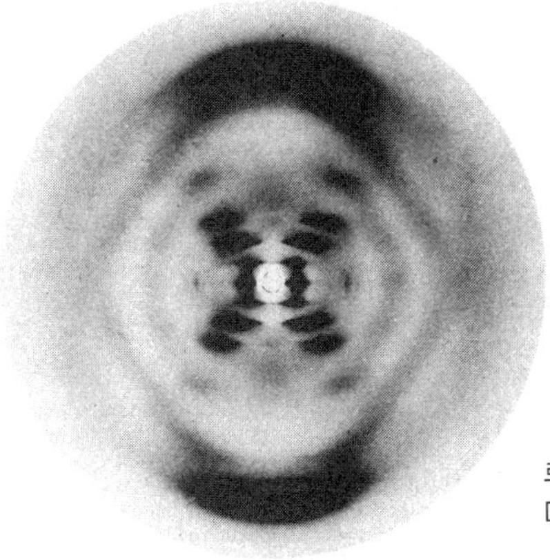

로잘린드 프랭클린이 얻은
DNA의 X-선 회절사진

데 선생님은 어떻게 그 일에 관여하게 되셨나요?

크릭 나는 만학도였어. 2차 대전 중에 군사 관계 연구에도 종사하고 하다 보니 서른 나이에 박사학위를 받으러 케임브리지 대학교의 캐번디시 연구소로 간 거야.

광자 캐번디시라면 맥스웰, 레일리, 톰슨, 러더퍼드가 이어가며 소장을 맡았던 물리학의 메카가 아니에요?

크릭 나도 물리학을 공부했어. 그런데 한번은 슈뢰딩거의 『생명이란 무엇인가』라는 책을 읽고 생명의 핵심이 되는 DNA의 본질을 밝혀보고 싶은 욕구를 가지게 되었지. 그런데 마침 1951년에 20대 초반의 왓슨이 인디애나 대학교에서 루리아 밑에서 박사학위를 받고 캐번디시로 온 거야.

광자 왓슨은 생물학자였나요?

크릭 루리아 밑에서는 박테리오파지(bacteriophage) 연구를 했는데 왓슨도 나처럼 보다 근본적인 DNA의 구조를 알아내고 말

크릭(Francis Crick)과
왓슨(James D. Watson)

겠다는 집념을 가지고 있었지.

광자 어떤 문제의 중요성을 냄새맡는 것이 중요하군요. 그런데 그 당시에는 캐번디시에서도 생물학에 관련된 연구를 하고 있었나요?

크릭 당시 소장이었던 로렌스 브래그(Lawrence Bragg)는 1915년에 25세의 나이로 아버지 윌리엄 브래그와 함께 노벨 물리학상을 수상한 X-선 회절 방법을 개발했지. 당시에는 X-선 회절 방법을 헤모글로빈이나 미오글로빈 같은 거대한 단백질 분자에 적용하는 연구를 페루츠(Perutz), 켄드류(Kendrew)가 하고 있었어.

광자 물리학, 화학, 생물학의 합작이네요.

크릭 생화학(biochemistry)이라는 말은 그 이전에도 있었지만 생물리학(biophysics), 분자생물학(molecular biology) 같은 새로운 단어가 생겨나는 시기였어.

광자 분자의학(molecular medicine), 화학생물학(chemical biology) 등 새로운 이름이 아직도 등장하는 것을 보면 아직도 이름짓기가 끝나지 않은 것 같아요.

크릭 곧 가능한 조합이 바닥이 나겠지.

광자 1953년에 두 분이 발표한 논문에 이중 나선의 그림이 나와 있더군요. 볼수록 신기한 구조라는 생각이 들어요.

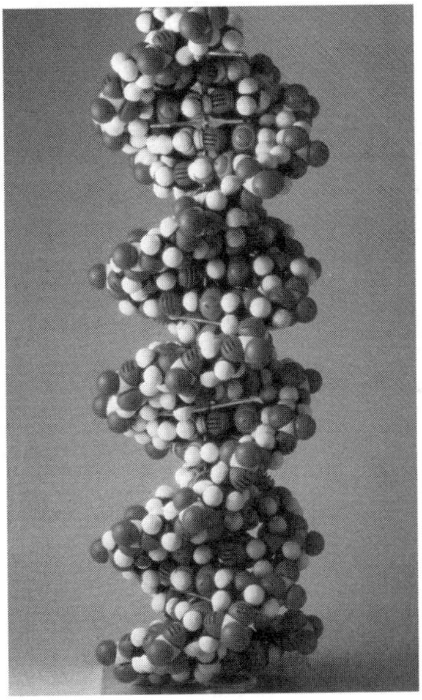

DNA 이중 나선 구조

크릭 아까는 자연에서 제일 중요한 분자 이야기를 했지만 나는 제일 아름다운 분자를 들라 해도 DNA를 들겠네.

광자 자부가 대단하시군요. 당연하지요. 벅키볼(buckminsterfullerene)이라고 60개의 탄소만으로 이루어진 축구공 분자도 기막힌 화합물이잖아요?

크릭 그럼, 벅키볼이 복제까지 한다면 인기가 더할 텐데.

광자 이중 나선 구조의 핵심은 역시 아데닌(adenine, A), 티민(thymine, T), 구아닌(guanine, G), 시토신(cytosine, C) 네 가지 염기가 수소결합을 통해서 A-T, G-C 쌍을 이루면서 두 개의 나선이 결합하고 있는 형태에 있겠지요?

크릭 다행히 컬럼비아 대학교에 있던 샤가프(Chargaff)가 어느

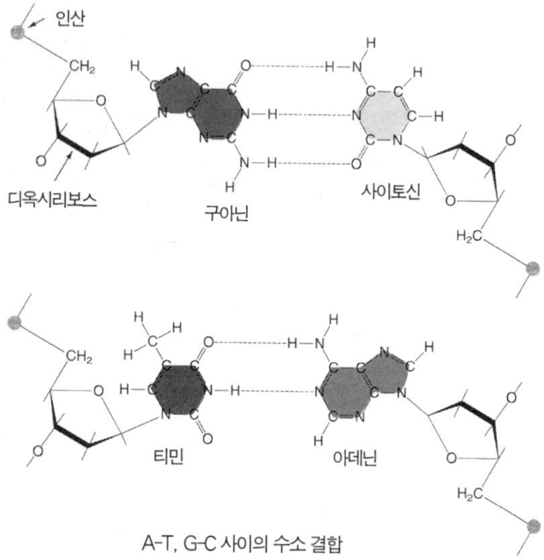

A-T, G-C 사이의 수소 결합

DNA에나 A와 T의 양이 같고, C와 G의 양도 같다는 사실을 발표했기 때문에 일대일로 대응하는 이중 나선 구조를 밝히는 데 크게 도움이 되었어.

광자 그럼 DNA의 구조는 어떤 기능에 맞게 고안된 것인가요?

크릭 그에 대한 답으로 "우리가 가정한 두 개 나선의 짝짓기를 보면 대번에 유전 물질의 복제 메커니즘이 어떻게 되어 있으리라는 데에 생각이 미치게 된다"라고 한 1953년 4월 25일자 《네이처》 논문의 끝 대목을 소개하기로 하지.

유전자는 하나의 파일

광자 DNA가 유전 물질이고 세포분열을 통해서 이 유전 물질을 자식에게 전해주어야 하니까 DNA의 유전 정보를 일단 정확히 복제할 필요가 있겠군요.

크릭 제 DNA를 다 주어버리면 증식이 안 될 테고 반씩 나누어 가지자니 온전한 정보가 못 될 테고 역시 유전자를 모두 복사해서 주고 자기도 활동을 계속하고 해야겠지. 이와 같은 유전자의 총합을 지놈(genome)이라고 하지.

광자 인간의 지놈은 약 4만 개의 유전자로 되어 있는 거군요.

크릭 잠깐, 주의해야 할 점이 있네. 대장균의 지놈은 약 465만 개의 염기쌍에 약 4천 개의 유전자의 유전 정보가 들어 있는데, 사람의 경우는 염기쌍의 수가 약 30억 개이거든.

광자 단백질의 크기는 박테리아나 사람이나 비슷할 테니까 유전자의 크기도 비슷할 테고, 그렇다면 30억 개의 염기쌍은 거의 300만 개의 유전자에 해당할 텐데요, 300만과 4만의 차이를 어떻게 설명하지요?

크릭 아직 이해가 잘 안 되는 부분인데 진핵세포의 경우에는 거의 대부분의 염기쌍이 유전자 역할을 하지 않는 소위 인트론(intron)을 이루고 있다는 것이 알려졌어.

광자 그러니까 대장균의 경우에는 유전자의 총합이 바로 지놈인데, 사람의 경우에는 유전자와 인트론의 총합이군요. 그런데 아까는 유전자를 콩의 색깔 등을 결정하는 요인 정도로 이해했는데, DNA의 구조를 안 이상 유전자를 분자 단위에서 보다 구체적으로 이해하면 좋겠네요.

크릭 유전자는 분자의 입장에서는 DNA 중에서 수백 개 내지 천 개 정도의 염기쌍에 해당하는 어떤 부분이라고 생각하면 되겠지. 물론 그보다 큰 것도 있고 작은 것도 있겠지만 말이야.

광자 그 어떤 부분이라는 의미는 뭔가요?

크릭 그 부분이 특정한 단백질을 만드는 데 필요한 유전 정보를 염기 서열의 형태로 지니고 있어야 한다는 말이야. 인트론은 안 된다는 말이지.

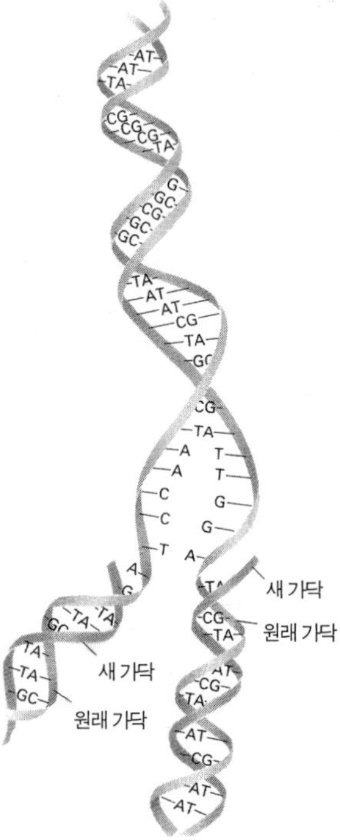

DNA의 복제

광자 그러니까 그 단백질이 바로 콩의 색깔을 결정하게 된다는 말이군요. 그럼 노란색 단백질이 있고 녹색 단백질도 있고 하나요?

크릭 그게 아니라 만들어지는 단백질에 따라 노란색이나 녹색의 색소가 만들어지지.

광자 그러니까 단백질은 색소를 만드는 효소로군요. 그럼 유전자 하나는 효소 하나에 대응한다고 볼 수 있나요?

크릭 그게 바로 유명한 비들(Beadle)과 테이텀(Tatum)의 one gene-one enzyme 설이지. 이들은 그 일로 1958년 노벨 의학생리학상을 수상했어.

광자 그럼 유전자란 지놈이라는 한 권의 책을 기록한 컴퓨터 하드디스크에서 하나의 파일(file) 정도에 해당하겠군요.

크릭 파일이라는 표현이 마음에 드네. 파일별로 다른 내용을 기록해두니까. 그리고 대장균의 지놈이 브리태니커 백과사전 한 권이라면 사람의 지놈은 한 질에 비할 수 있겠지.

광자 대장균이건 사람이건 지놈에는 자신의 DNA를 복제하는 데 필요한 효소를 만드는 데 관련된 파일들이 있겠네요. 폰 노이만의 세포 자동자가 생각나요.

크릭 DNA 복제 효소는 아주 중요한 의미가 있지. 대물림을 가능하게 하니까.

광자 어떤 교수님은 우주가 생기고 100억 년 이상이 걸려서 겨우 세포가 생겼는데 이게 일생을 끝내고 복제를 못한 채 죽어버리면 수천만 년 걸리는 화학적 진화부터 새로 시작해야 할 게 아니냐는 식의 얘기를 하셨지요.

크릭 그것 참, 그럴듯한 이야기로구먼. 콘버그(Arthur Kornberg, 1959년 노벨 의학생리학상)가 발견한 DNA 복제 효소의 반응은 그런 의미에서 특이한 반응이지. 생명이 시작하기 전 100억 년 동안은 찾아볼 수 없다가 그 다음부터는 모든 생명체의 세포 내에서 맹렬한 속도로 쉴새없이 일어나고 있으니까.

센트럴 도그마

광자 유전자의 역할은 결국 효소를 만드는 데 있다는 것은 이해가 가는데요, 왜 차라리 DNA에서 직접 색소를 만들지 구태여 효소를 거치나요?

크릭 중요한 지적이야. 대장균의 지놈이 20분 동안 살아가기에 필요한 것을 만드는 데 직접 관여한다면 얼마나 바쁘겠나?

광자 자체를 복제할 시간이 없겠군요. 안 그래도 앞장에서 박테리아가 매초 천 개 정도의 염기를 붙여나가도 DNA 전체를 복제하기에 시간이 모자라서 동시에 여러 부위에서 복제가 진행된다고 들었어요.

크릭 고등생물이 되면 문제가 더 복잡하지. DNA는 세포핵 속에 보관되어 있는데 거기 들어가서 사사건건 세포 활동에 필요한 물질을 만들어낸다는 건 어리석은 짓이지.

광자 교통 정리만 해도 보통이 아니겠군요.

크릭 그래서 세포는 기막힌 시스템을 고안했어. 어떤 방법이 좋을까?

광자 하드 디스크에서 필요한 파일을 복사해다가 핵 바깥에서 사용하는군요.

크릭 복사한 파일을 담은 플로피 디스켓을 메신저 리보 핵산(messenger ribonucleic acid, mRNA)이라고 해. 리보 핵산은 리보오스(ribose)라는 탄소가 다섯 개인 오탄당(pentose)을 사용하는데, 디옥시리보 핵산(deoxyribonucleic acid, DNA)

의 경우에는 디옥시리보오스(deoxyribose)라는 약간 다른 당(pentose)를 사용하지.

광자 그 차이가 뭔가요?

크릭 디옥시리보오스는 리보오스에서 산소가 하나 떨어져나간 화합물이야.

광자 구태여 하드 디스크와 플로피 디스켓 사이에 그런 차이가 있다면 무슨 이유가 있겠지요?

크릭 광자는 무엇이든지 끝까지 의문을 해결하려고 하는 좋은 태도를 가지고 있군. 그래야 발전이 있지. 산소가 있고 없고에 따라 안정성에 큰 차이가 생기는데 광자 생각에는 어느 쪽이 더 안정할 것 같은가?

광자 좋은 예인지는 몰라도 메탄(CH_4)과 메탄올(CH_3OH)을 비교하면 메탄올 쪽이 더 다양한 반응을 하지 않을까요?

크릭 내게는 좋은 예로 보이는데. 비슷한 이유로 RNA가 DNA보다 덜 안정하지. 그런데 왜 그럴 필요가 있을까?

광자 DNA의 정보는 반영구적일 필요가 있지요. 적어도 세포의 일생 동안은 견뎌주어야 제대로 된 복사본을 하나 후대에 물려줄 게 아니겠어요?

크릭 RNA는 안정할 필요가 없을까?

광자 필요한 만큼 단백질을 만들고 나면 차라리 분해해주는 편이 도움이 되지 않을까요? 남들이 필요한 부분을 갖다 이용하게 말이에요.

크릭 광자가 지금 세포 활동의 중요한 기본 원리를 언급했네. DNA

의 복제건 단백질의 합성이건 간에 매번 원자들로부터 시작해서 조립해나간다면 얼마나 비효율적이겠나? 그래서 세포는 다양한 중간체들을 사용하는 시스템을 개발해놓았어.

광자 세포는 알수록 기막힌 시스템이라는 생각이 들어요.

크릭 한 가지 더 이야기할까? RNA는 DNA와 달리 티민 대신 우라실(uracil, U)이라는 염기를 사용하지.

광자 제가 이유를 묻기 전에 아예 말씀해주시지요.

크릭 DNA 복제 과정에서 우선 이중 나선이 어느 부위에서 벌어지고 각각의 가닥에 A–T, G–C 사이의 수소결합을 통해서 상보적인 가닥이 생겨나서 정확한 복제가 일어나지. 그러니까 DNA에서는 복제가 되면서 바로 안정한 이중 나선 구조가 만들어지는 셈이야. 그런데 RNA 합성효소(RNA polymerase)는 G–C는 그대로지만 A–T 대신 A–U 쌍을 이용해서 DNA 염기서열에 대응하는 RNA를 만들거든.

광자 좀 헷갈리는데요.

크릭 자, 여기 CTCAAACAC라는 DNA의 염기 서열이 있다고 해봐. 이중 나선의 상대쪽 가닥에는 어떤 서열이 있을까?

광자 A와 T가 쌍을 이루고 C는 G와 쌍을 이룬다고 했으니까 앞의 염기 서열에 상보적인 염기 서열은 GAGTTTGTG가 되겠네요.

크릭 자, 이제 이 아홉 개의 염기쌍 사이의 수소결합이 끊어지고 두 가닥이 벌어져서 복제가 일어났다고 해보지. 그럼 어떤 서열이 생길까?

광자 그야 서로 마주 보고 있던 바로 그 서열이 생기겠지요? 아, 그러니까 《네이처》 논문에서 지적하신 대로 이중 나선이 그대로 복제가 된 거군요.

크릭 그럼, CTCAAACAC라는 DNA의 서열로부터 어떤 서열의 RNA의 서열이 만들어질까?

광자 T 대신 U를 사용하면서 상보적인 서열은 GAGUUUGUG가 되겠군요. 이제는 좀 알겠어요.

크릭 이 GAGUUUGUG라는 RNA가 DNA 모양으로 아예 이중 나선을 만들어버리면 안 되겠지?

광자 거기는 RNA가 있을 곳이 아니지요. 그런 일을 피하기 위해서도 염기쌍이 뭔가 달라야 되겠군요. 디옥시리보오스 대신 리보오스를 사용한다는 점도 그런 면에서 의미가 있겠지요?

크릭 당연하겠지. 아무튼 만들어진 RNA는 리보솜이라는 기구로 옮아가서 단백질 합성을 하게 되지.

광자 진핵세포의 경우에는 일단 세포핵을 빠져나가야 되겠지요?

크릭 물론.

광자 리보솜에서 일어나는 반응의 핵심은 RNA가 DNA로부터 베껴 가지고 온 GAGUUUGUG라는 정보를 단백질의 아미노산 서열로 바꾸어주는 것이겠군요?

크릭 순서는 여러모로 중요하지. 단백질의 경우에는 아미노산 서열을 1차 구조(primary structure)라고 할 정도니까.

광자 염기 서열을 아미노산 서열로 바꾸어주는 과정이 재미있을 것 같은데요. DNA에서 RNA로 정보가 복사되는 것은 크게 어려워 보이지 않는데 RNA에서 단백질로 가는 것은 완전히 문법 체계가 다른 언어로 바뀌는 것 같지 않아요?

크릭 그래서 DNA의 염기 서열이 RNA의 염기 서열로 바뀌는 것을 전사(傳寫, transcription)라고 부르고, RNA의 염기 서열이 단백질의 아미노산 서열로 바뀌는 것을 번역(translation)이라고 부르지.

광자 단순히 베끼는 것과 다른 언어로 바꾸는 것과는 큰 차이가 있지요.

크릭 이처럼 DNA의 유전 정보가 RNA로 전사되었다가 다시 단백질로 번역되는 체계를 생물학에서는 센트럴 도그마(central dogma)라고 하지.

광자 도그마라면 종교적인 신조처럼 양보할 수 없다는 의미 같은데요.

크릭 처음 발견되었을 때는 움직일 수 없는 생명의 원리로 생각했어. 나중에는 에이즈 바이러스같이 RNA의 정보가 DNA로 바뀌는 역전사(reverse transcription)도 알려졌지만 전반적으로는 센트럴 도그마가 생명 현상의 기본 골격을 이루는 것은 틀림없지.

유전 암호의 해독

광자 그런데 만일 RNA의 정보를 번역하는 과정에서 오역이 일어나면 어떻게 하지요?

크릭 중요한 질문이야. 생명은 여러 단계에서 정확성을 기하기 위한 방안을 마련해놓았지. DNA를 복제하는 경우에도 가끔 잘못된 염기가 들어가는 수가 있는데 그럼 그걸 수정하는 효소(repair enzyme)가 있어. 번역에서는 transfer RNA(tRNA)와 거기에 특정한 아미노산을 결합시켜주는 효소의 특성을 이용해서 실수를 최소화하고 있지.

광자 tRNA라면 지금은 버클리에 계신 한국 출신의 김성호 박사님이 예전에 MIT에 계실 때 3차원적 구조를 밝히신 것으로 알고 있어요.

크릭 웬만한 생화학 교과서에는 다 나오는 중요한 업적이야.

광자 tRNA의 작용을 좀 설명해주세요.

크릭 tRNA도 RNA니까 A, U, G, C로 되어 있지. 그런데 tRNA의 한쪽에는 세 개의 염기로 이루어진 안티코돈(anticodon)이라는 부분이 있어서 상보적 염기 서열을 가지는 RNA의 코돈(codon)에 수소결합을 이루지.

광자 그럼 코돈도 세 개의 염기 서열에 해당하겠군요. 한 예로, 앞에서 이야기한 GAGUUUGUG라는 RNA 서열에서 GAG, UUU, GUG를 각각 코돈이라고 보면 되나요?

크릭 그래, RNA에는 세 개의 염기 서열로 된 코돈이 일렬로 연결되어 있다고 보면 되지.

광자 그럼 위의 RNA 서열에서 GAG 코돈에는 tRNA의 CUC 안티코돈이, UUU 코돈에는 AAA 안티코돈이, 그리고 GUG 코돈에는 CAC 안티코돈이 결합하겠군요.

크릭 자, 그 다음에 중요한 것은 각각의 tRNA마다 안티코돈 반대쪽에 특정한 아미노산이 결합하는 부위가 있다는 점이야.

광자 CUC 안티코돈을 가지는 tRNA에는 어떤 아미노산이 결합하나요?

크릭 글루탐산(glutamic acid)이라는 아미노산이야. 조미료의 맛을 내는 성분이지. RNA 코돈마다 특정한 아미노산이 지정되지.

광자 GAG 코돈은 글루탐산, 이렇게 말이군요? 그러니까 RNA의 코돈의 순서에 따라 tRNA가 순서대로 늘어서고 그러다 보면 반대쪽에 아미노산이 일정한 순서로 늘어서게 된다 그런 이야기가 되네요.

크릭 아미노산들을 펩티드(peptide) 결합으로 연결해주는 효소의 역할도 중요하겠지. 이런 일들이 바로 리보솜에서 일어나게 되는 거야. 리보솜에는 tRNA가 결합하는 부위가 두 개 있는데 리보솜이 RNA를 쭉 훑어가면서 그때그때 거기에 맞는 tRNA가 결합했다가 떨어지고 하는 식으로 번역이 일어나면서 단백질의 아미노산 수가 늘어나는 거지.

광자 그럼 번역의 실수를 줄이려면 각각의 tRNA에 그에 맞는 아미노산을 정확히 붙여주어야 하겠군요.

크릭 그런 반응을 정확히 수행하는 것도 효소지.

광자 그럼 그 효소를 만드는 정보도 어느 유전자에 기록되어 있겠지요?

크릭 물론이지.

광자 그런데 왜 코돈과 안티코돈은 세 개의 염기로 되어 있나요?

크릭 그건 지정해야 할 아미노산이 20종류가 있다는 데 관계가 있지. 만일 두 개의 염기만을 사용한다면 그게 가능할까?

광자 우선 네 종류의 염기 하나하나에 아미노산 하나씩을 대응시킨다면 네 가지 아미노산밖에는 지정할 수 없겠지요. 두 개를 사용한다면 4의 제곱을 하면 16가지 아미노산이 지정될 테고요. 역시 둘로는 모자라는군요. 셋이면 4의 세제곱, 즉 64가지 가능성이 있는데 그건 너무 많지 않아요?

크릭 모자라는 것보다는 약간의 여유가 있는 편이 낫지.

광자 알고 보면 간단한 수학이지만 생명이 시작될 단계에서는 중요한 선택의 문제였겠어요. 이리저리 시도를 하다가 세 개로 낙착되지 않았을까요?

크릭 자랑은 아니지만 그런 해석을 내리는 데 내가 좀 공헌을 했지.

광자 또 하나 궁금한 게 있어요. 어떤 코돈이 어느 아미노산에 해당하는지 어떻게 알아냈지요? 이건 완전히 암호를 푸는 문제잖아요?

크릭 안 그래도 그 관계를 유전 암호(genetic code)라고 하지. DNA의 구조가 알려지고 난 후에는 유전 암호를 해독하는 일이 급선무였어. 간단히 니렌버그(Nierenberg)가 한 일을 소개하면 U만 쭉 나열된 polyU의 RNA를 만들고 그로부터 만들어진 단백질의 아미노산 조성을 조사해보았더니 단 한 가지 페닐알라닌(phenylalanine)만이 나왔지.

광자 UUU라는 코돈은 페닐알라닌을 지정한다는 결론이 나왔겠네요. 그것 참, 기발한 착상인데요. 염기들이 섞인 경우는 좀 어렵겠지요?

크릭 코라나(Khorana)라는 인도 출신 화학자의 합성 실력이 진가를 발휘했지. 여러 가지 염기 조합을 화학적으로 합성해서 어떤 아미노산이 지정되는가를 보는 방법으로 결국은 64가지 조합에 대해 해독이 끝났고 1968년에 니렌버그와 코라나는 tRNA를 연구한 홀리(Holley)와 함께 노벨 의학생리학상을 수상했지.

광자 앞에서 GAG는 글루탐산의 코돈이라는 이야기가 나왔는데, GUG는 무슨 코돈인가요?

크릭 GUG는 발린(valine)에 해당하는 코돈이야.

광자 그러니까 GUGGUGGUGGUG 식의 poly(GUG)로 된 RNA 체인을 만들면 발린이 연결된 단백질이 얻어지겠네요. 그런데 한 가지 의문이 있어요. poly(GUG)는 염기 하나를 건너뛰어서 읽기 시작하면 UGGUGGUGG 식의 poly(UGG)로 인식될 수 있지 않아요? 그렇다면 전혀 다른 단백질이 만들어질 테고요.

크릭 그런 큰 문제를 자연이 적당히 넘겨버릴 듯싶은가?

광자 어떤 방안을 강구했나요?

크릭 유전자의 앞부분에 여기가 시작 부분이다라고 써붙이고 그 다음부터 읽어나가게 한 거야. 구체적으로는 메티오닌(methinone)에 해당하는 AUG 코돈을 기점으로 해서 단백질 합성이 일어나도록 되어 있다는 말이지.

DNA의 진화

광자 알면 알수록 의문도 많아지네요. 전사나 번역 과정에서 오류가 발생한다면 어떤 면에서 일회적인 오류로 끝날 수도 있을 텐데 DNA의 염기 서열 자체가 어떤 이유로 바뀐다면 오류가 계속 유전되는 결과가 되지 않을까요?

크릭 대단히 중요한 점이야. 내가 앞에서 CTCAAACAC라는 서열을 예로 든 이유가 있지. CTC와 CAC의 차이는 T가 A로 치환되었다는 점이잖아. 광자가 한번 이런 치환이 어떤 결과로 이어질지 설명해보겠어?

광자 편의상 CTCAAACTC가 CTCAAACAC로 바뀌었다고 해보죠. 그러면 mRNA로 전사되는 과정에서 GAGUUUGAG 대신 GAGUUUGUG가 생길 테고 아까 GAG, UUU, GUG는 각각 글루탐산, 페닐알라닌, 발린에 해당한다고 했으니까 번역이 끝나면 글루탐산-페닐알라닌-글루탐산, 글루탐산-페닐알라닌-발린 두 종류의 다른 펩티드가 얻어지겠지요.

크릭 잘했어. 그럼 다음에 생각해볼 것은 아미노산이 200개 정도 연결되어 있는 단백질에서 하나의 아미노산이 치환된 경우에 어떤 결과가 나타날 것인가 하는 문제이지.

광자 모르긴 하지만 치환된 아미노산이 단백질의 구조와 기능상 얼마나 중요한 부위에 위치하고 있느냐에 달려 있지 않을까요?

크릭 바로 그거야. 유명한 예로 겸상적혈구 빈혈증(sickle cell anemia)을 일으키는 헤모글로빈이라는 단백질의 경우가 있지.

광자 헤모글로빈이라면 산소를 운반하는 적혈구에 들어 있는 단백질이지요?

크릭 그렇지. 그런데 인그램(Ingram)이라는 생화학자가 겸상적혈구 빈혈증 환자의 헤모글로빈과 정상인의 헤모글로빈을 비교해보니까 단 하나의 아미노산, 즉 글루탐산이 발린으로 치환되어 있는 것을 알아냈어.

광자 그 이유를 알고 보니 헤모글로빈을 만드는 유전자의 DNA에서 T가 A로 바뀌어 있더라. 그리고 하나의 아미노산의 치환 때문에 헤모글로빈의 산소 결합 기능이 현저하게 손상되었다는 이야기군요.

크릭 잘 넘겨짚었네. 인그램이 분자질환(molecular disease)의 첫 번째 케이스를 발견한 것이지. 질병의 원인을 분자 단위에서 이해하게 되었으니까.

광자 분자질환이나 분자의학이라는 표현에 공감이 가네요. 질병의 치료도 분자 단위에서 접근이 가능하겠지요?

크릭 '가능하다' 라기보다 그것이 가장 효과적인 접근 방법이라고 보아야지.

광자 눈을 가리고 레고를 끼워 맞추기와 눈을 뜨고 하는 차이군요.

크릭 100년 전만 해도 의사가 할 수 있는 일이란 열을 내리게 하고 마음을 편히 먹도록 위로하는 게 고작이었지.

광자 지금 이야기한 경우는 하나의 염기 치환이 치명적인 결과를 가져온 예인데 반대로 유익한 결과를 가져올 수도 있겠지요?

크릭 진화는 무작위의 염기 서열 변화 중에서 살아남는 데 유리한 변화가 대물림을 하는 과정으로 이해할 수 있지.

광자 작은 변화들이 오랜 기간 동안 축적되고요.

크릭 그래서 허튼, 라이엘, 훔볼트 등이 생각한 지질학적 시간이 필요한 것이지.

광자 그런데 DNA의 염기 서열이 바뀌는 이유는 뭔가요?

크릭 20세기 초반에 모건(Morgan, 1933년 노벨 의학생리학상)이 초파리의 유전 현상을 연구할 때는 X-선을 쪼이는 방법으로 돌연변이를 유도했지만, X-선뿐 아니라 감마선이나 짧은 파장의 자외선 등 전자를 떼어내서 이온화할 수 있는 에너지를 가진 소위 전자파는 모두 염기 서열을 바꿀 가능성이 있다고 보아야지.

광자 그렇다면 우주 공간에서 날아드는 우주선(cosmic ray)이나 땅 밑에서 올라오는 라돈 가스의 방사선의 영향도 무시할 수 없겠네요. 돌연변이를 일으키는 화합물도 꽤 있을 테구요.

크릭 생물학적 진화의 대부분의 기간 동안에는 초신성 폭발에서 나오는 우주선이나 가까운 태양에서 나오는 고에너지 입자 등의 영향이 제일 컸겠지.

광자 아무튼 진화가 DNA 차원에서 일어난다는 점은 확실하군요.

크릭 염기의 치환 이외에도 염기가 하나 빠지거나 늘어나도 전혀 다른 단백질이 생긴다는 점을 잊으면 안 되지.

광자 다윈이 요즘 대학생들이 배우는 분자생물학 교과서를 보면 깜짝 놀라겠군요. 자신의 이론을 분자 단위에서 설명하고 있으니까요.

크릭 역시 자신이 옳았다는 회심의 미소를 짓겠지.

모든 생명체는 형제자매

광자 얼마 전에 인간의 DNA를 조사해보니까 인간의 조상은 아프리카에서 탄생했다는 결론이 나왔다던데요.

크릭 미토콘드리아에 들어 있는 DNA를 조사했지. 사람과 침팬지의 DNA 염기 서열은 99퍼센트가 동일하다는 식으로 종들간의 유사 정도를 염기 서열로부터 알아볼 수 있어.

광자 그러니까 다른 인종간의 차이를 미토콘드리아 DNA의 염기 서열로부터 조사했군요.

크릭 아직은 인간 지놈의 염기 서열 중에서 일부만이 알려진 상태니까 유전자 지도를 비교 연구했다고 해야겠지. 어쨌든 뻗어나간 나뭇가지로부터 원래 줄기를 찾아가듯이 인류가 지리적으로 이동해간 과정도 추적할 수 있지.

광자 아메리카 인디언은 우리와 닮았는데 유전적으로도 유사하겠군요.

크릭 물론이지.

광자 그건 그렇고 역시 다윈의 추측대로 인류의 조상 이브는 아프리카에서(out of Africa) 나왔군요.

크릭 루시나 프로콘술의 화석이 모두 아프리카에서 나온 것도 우연이 아니야.

광자 염기 서열을 통해 온 인류는 형제자매라는 사실이 확인된 셈이네요.

크릭 그보다 더 엄청난 사실이 알려졌지.

광자 그게 뭔데요?

크릭 모든 생물간의 상관관계를 DNA의 염기 서열 입장에서 연구하는 것이 가능하겠지?

광자 정말 그렇군요. 그렇지만 박테리아에서 아메바, 곰팡이, 각종 식물, 곤충, 파충류, 조류 등의 염기 서열을 모두 조사한다는 것은 하늘의 별에 일일이 이름을 붙이는 일보다 더 큰일 같아 보이는데요.

크릭 물론이지. 그럴 필요도 없고. 그렇지만 유전자 지도를 그려보면 유사성이 드러나지. 또 하나 중요한 점은 다른 종들이 공통적으로 사용하는 것으로 알려진 어떤 화합물의 유사성을 보는 거야.

광자 어떤 예가 있나요?

크릭 시토크롬 C 같은 경우 아미노산 서열의 변화 추이, 또는 그에 해당하는 유전자의 염기 서열의 변화 추이가 진화의 가지가 퍼져나가는 모습과 아주 유사하거든.

광자 그러니까 모든 사람은 형제자매일 뿐 아니라 모든 생명체는 형제자매라는 이야기를 하시려는 거지요?

크릭 다윈도 모든 생물의 공통 조상을 이야기했지. 지금은 DNA 차원에서 그런 논의가 가능하다는 점을 말하고 싶은 거야.

광자 어떤 교수님은 ATP를 모든 생물이 공통적으로 사용한다는 점을 강조하시던데요.

크릭 아주 중요한 점인데 내가 빼먹을 뻔했군. 지금 세상에서도 사람이나 박테리아나 공통적으로 ATP를 세포 활동의 에너지원으로 사용할 뿐 아니라, 30억 년 이상의 생명의 역사에 있어서 ATP는 줄곧 모든 생명 현상에서 중요한 위치를 차지하고 있었다고 믿고 있어.

광자 ATP는 핵산의 중요 성분인 아데닌의 유도체잖아요. 그러니까 화학적 진화 과정에서 아데닌은 특별히 선택되어서 핵산의 성분으로 염기 서열을 기록하는 데도 쓰이고 한편으로는 인산을 이용해서 세포의 에너지 화폐로 발전했군요. 그럼 ATP를 만드는 유전자는 모든 생물의 DNA에 공통적으로 들어 있겠지요?

크릭 그래. ATP같이 작은 분자는 공통적으로 사용되고, 시토크롬 C 같이 거대한 단백질은 진화의 과정에서 부분적으로 변화를 거치면서 사용되어왔겠지.

광자 박테리아와 사람의 시토크롬 C 유전자 염기 서열이 유사하다. 그리고 같은 센트럴 도그마를 따라서 세포 활동을 한다면 궁극적으로 모든 생명체는 같은 유전 암호를 사용한다고 말할 수 있지 않을까요?

크릭 생명의 핵심을 짚었네. 그리고 그것이야말로 모든 생명체는 공통의 최초 생명체로부터 진화한 형제자매라는 강력한 증거가 아니고 무엇이겠나?

광자 참으로 감동적인 이야기네요.

크릭 마지막으로 종합한다면 모든 생명체가 DNA를 유전 물질로, 단백질을 효소로 사용하는 점, 같은 센트럴 도그마를 통해서 같은 유전 암호를 사용해서 DNA로부터 단백질을 만들어낸다는 점, 같은 4가지 염기와 20가지 아미노산을 DNA와 단백질의 기본 단위로 사용한다는 점, 유전자 지도의 유사성, 어떤 핵심적인 물질은 공통적으로 사용된다는 점, 부분적으로 변화된 고분자의 경우에는 그 변화 과정을 진화의 단계와 연결해서 설명할 수 있다는 점 등을 보면 역시 모든 생명체는 시간과 공간을 초월해서 하나의 지구 위에 사는 한 가족이라고 볼 수 있지.

광자 과학의 발전이 자연을 보는 우리의 눈을 크게 바꾸어놓은 또 하나의 중요한 사건이로군요. 귀중한 말씀 정말 감사합니다.

크릭 자연을 이해하려는 욕구는 동서양을 가리지 않는다는 것을 확인해서 나도 기쁘네.

광자 우리는 모두 한 가족이라고 방금 말씀하셨잖아요.

참고 문헌

『과학사의 뒷얘기 II』, 섯클리프 지음, 정연태 옮김, 전파과학사, 1973.

『물리학을 뒤흔든 30년』, 가모프 지음, 김정흠 옮김, 전파과학사, 1975.

『우주와 생명』, 스티븐 와인버그 외 지음, 장회익 외 옮김, 김영사, 1996.

『이중 나선』, 왓슨 지음, 하두봉 옮김, 전파과학사, 1973.

『중력』, 가모프 지음, 박승재 옮김, 전파과학사, 1973.

『처음 3분간』, 와인버그 지음, 김용채 옮김, 전파과학사, 1981.

『쿼크에서 코스모스까지』, 레온 레더만, 데이비드 슈램 지음, 이호연 옮김, 범양사 출판부, 1991.

『한반도 30억년의 비밀』, 유정아 지음, 푸른숲, 1998.

『흥미있는 화학 이야기』, 황근수 지음, 이성과현실, 1989.

For the Love of Enzymes, A. Kornberg, Harvard University Press, 1989

Newton, J. P. Maury, Translated by I. M. Paris, Harry N. Abrams, 1992

Red Giants and White Dwarfs, R. Jastrow, W. W. Norton & Company, 1990

Science, A History of Discovery in the Twentieth Century, T. I. Williams, Oxford University Press, 1990

Seven Ideas That Shook the Universe, N. Spielberg & B. D. Anderson, John Wiley & Sons, 1987

The Birth of the Universe, T. X. Thuan, Translated by I. M. Paris, Harry N. Abrams, 1993

The Cartoon Guide to Genetics, L. Gonick & Huffman

The Cartoon Guide to Physics, L. Gonick & Huffman

The Discovery of Subatomic Particles, S. Weinberg, W. H. Freeman and Company, 1983

The Five Biggest Ideas in Science, C. M. Wynn & A. W. Wiggins, John Wiley & Sons, 1997

The God Particle, L. Lederman & D. Teresi, Delta Publishing, 1993

The Great Scientists, J. Meadows, Oxford University Press, 1987

The History of Chemistry, J. Hudson, Chapman and Hall, 1992

The Science Class You Wish You Had, D. L. Brody & A. R. Brody, The Berkeley Publishing Group, 1996

The Secret Life of Quanta, M. Y. Han, Tab Books, 1990

What is Life?, E. Schrödinger, Cambridge University Press, 1944

찾아보기

ㄱ

가공의 힘 145, 160, 166, 167

갈라파고스 242, 243, 244, 245

감등 92, 93, 94, 100

감수분열 222, 224

겸상적혈구 빈혈증 285, 286

곤도와나 186

곤충 239, 289

골지체 220

공전 주기 27, 31, 38, 71

관성계 144, 145, 157

관성 질량 157, 158, 160

광우병 263

광전 효과 138

광합성 267

끓는점 69

ㄴ

난자 224, 225, 233, 234

노화 225, 266

뉴턴 38, 47, 77, 78, 81, 82, 83, 90, 111, 120, 135, 142, 147, 157, 169, 230, 248

니켈 189

ㄷ

다윈 179, 182, 229, 256, 257, 287, 288, 289

단백질 85, 106, 107, 124, 207, 210, 211, 212, 213, 219, 220, 221, 261, 262, 263, 264, 266, 270, 273, 274, 277, 278, 279, 280, 283, 284, 285, 286, 287, 290, 291

대칭성 197

도플러 효과 27

돌턴 80

동위원소 89, 199

대륙이동설 175, 184, 185, 194, 200

돌연변이 247, 287

동물계 235, 236

등가 원리 159, 160, 162

ㄹ

라돈 287

라듐 262

라마르크 239, 240, 246

라부아지에 81, 83, 85

라이덴 병 115, 116, 119

로웰 천문대 73

뢴트겐 139

러더포드 37, 123, 269,

레고 208, 217

레일리 123, 269

르메트르 169

리보솜 220, 279, 282

리소스피어 190

리소좀 221

린네 234, 235, 238, 242, 249

ㅁ

마그마 178, 194, 196

마르코니 127, 128, 129, 130

마이어 85, 86, 87

마찰열 83, 84, 86

만유인력 47, 49, 61, 62, 64, 66, 157, 229

맥스웰 111, 146, 147, 148, 269

맥스웰 방정식 123, 124, 125, 131

맨틀 178, 189, 190, 191, 192, 194, 198, 199, 200

맨틀 대류 178, 189, 190, 194, 199, 200

메탄 105, 277

멘델 234, 256, 257, 258, 259, 260

명왕성 70, 73

모호로비치치 191, 192

목성 21, 41, 61, 71

물 21

미토콘드리아 221, 288

밀도 188, 189

ㅂ

바이러스 212, 263, 280

박테리아 205, 206, 207, 209, 211, 212, 215, 219, 221, 230, 236, 239, 247, 262, 263, 264, 266, 267, 273, 276, 289, 290
박테리오파지 269
반발력 120
반응물 103
방사능 89, 139, 200, 241, 264
방사성 동위원소 89, 199
번역 280, 281, 285
베니오프 197
베니오프 존 197
베이커 184
베크렐 89, 200
변성 261
변종 261, 262
보어 37
복제 107, 204, 208, 210, 212
복제 효소 209
분광기 149
분자 99, 100, 138, 211, 213, 215, 260, 274
불확정성 원리 73
브라운 운동 138
브라헤 33, 35, 36, 37, 38
비활성 기체 123
빅 뱅 87, 169
빛 123, 126, 127, 145, 147, 148, 150, 157, 160, 161, 162, 163, 164, 165

ㅅ

산소 85, 86, 277, 286
산화 85, 86, 119
상대성 이론 74, 135, 137, 139, 144, 154, 157, 162, 163, 165, 166, 169, 170, 171
상쇄 144
생명 106, 107, 108, 203, 207, 208, 213, 217, 218, 230, 231, 232, 233, 234, 245, 256, 260, 265, 269, 275, 280, 285, 290
생성물 103
샤가프 271
세포 107, 204, 205, 207, 208, 210, 214, 215, 216, 217, 218, 219, 220, 221, 222, 223, 224, 225, 226, 230, 236,

275, 277, 278
세포 자동자 203, 204, 208, 210, 211, 212, 214, 220, 275
세포막 206, 207, 208, 217, 221
소혹성 41, 178
속도 분포 146
수소 208
수소결합 271, 278, 281
수증기 99
슈뢰딩거 107, 269,
시간 26, 50, 51, 78, 107, 124, 142, 145, 147, 149, 150, 152, 154, 165, 170, 232, 241, 243, 291
시토신 271

ㅇ

아리스토텔레스 18, 20, 21, 22, 23, 26, 29, 35, 38, 39, 49, 55, 145, 233, 235
아미노산 107, 260, 279, 280, 281, 282, 283, 284, 285, 286, 289, 291
아보가드로수 224
아인슈타인 78, 88, 125, 135, 157, 241
암모니아 103, 104
약한 핵력 120
양성자 87
양자역학 74
에너지 보존의 법칙 78, 80, 87, 88, 89, 90
에딩턴 162, 164, 165
액체 104, 189
엔트로피 77, 92, 94, 95, 96, 97, 98, 99, 100, 101, 102, 103, 104, 105, 106, 107, 108, 267
역전 195, 196, 197
우라늄 71
원소 21, 71, 80, 145, 245, 263
원자 74, 80, 99, 114, 131, 138, 217, 232, 278
원자핵 80, 216, 245
원자 폭탄 135
월리스 182, 248, 249, 250
은하계 22, 48, 49, 64, 80, 106, 164
이온 103, 221
이온결합 103
이온화 287
인지질 이중막 221

일반 상대성 이론 141, 157, 162, 163, 164, 165, 166, 169, 170

일식 29, 34

ㅈ

적색 거성 106

적외선 70

전기음성도 114, 115, 123, 131, 139, 146

전자기력 125

전자파 126, 127, 128, 129, 132, 136, 170, 287

전하 115, 116, 120, 123, 131, 132, 146, 147

정성적 116

정량적 116

조물주 26, 33

종의 진화 266

중력 29, 38, 54, 58, 60, 62, 72, 120, 121, 125, 144, 146, 159, 160, 162, 164, 165, 168, 170, 189, 199

중력 렌즈 165

중력 질량 157, 158, 160

중성 원자 80

중성자 124

지자기 182, 196, 197

지자기 역전 195, 197

지판 178, 190, 194, 197, 198

질량 50, 54, 57, 62, 77, 78, 81, 83, 87, 147, 150, 152, 153, 154, 160, 165, 169

질소 263

ㅊ

창조론 250

척색동물 236

천동설 25, 48

천왕성 70, 71, 72

철 85, 86, 112, 189

체세포 222, 223, 224

체세포분열 223

초신성 폭발 32, 33, 40, 89, 287

촉매 213

ㅋ

케플러 31, 37, 38, 39, 40, 61, 70, 111,

230
쿼크 87
퀴리 부부 262
크룩스 관
크릭 37, 255
크세노파네스 176

ㅌ

탈레스 113
태양 17, 18, 26, 29, 31, 36, 38, 41, 47, 48, 61, 66, 67, 69, 71, 87, 88, 106, 107, 143, 145, 162, 164, 177, 183, 200, 287
태양계 31, 61, 66, 70, 71, 73, 178, 255,
토성 21, 22, 70, 71
톰슨 114, 123, 131, 269
특수 상대성 이론 88, 138, 140, 141, 142, 150, 152, 154, 157, 167, 169, 170

ㅍ

패러데이 37, 122, 123, 124, 131
펩티드 결합 282
포도당 107, 260
포유류 236, 239
폴로늄 262
표준 모형 169
피막 261

ㅎ

해구 193, 194, 196
해령 193, 194, 196, 197
해저갱신설 191, 194, 195
핵력 120
핵산 106, 207, 211, 212, 213, 260, 263, 290
핵융합 80
허블 37, 73, 169
허블 우주 망원경 164
헤르츠 125, 126, 127, 128, 130
헤일 37
호모 사피엔스 235
호박 113
호이겐스 81
호킹 64
화산 190, 194, 197

화석 176, 179, 186, 206, 213, 243
화성 21, 25, 31, 32, 71, 213
화합물 70, 103, 105, 107, 217, 260, 271, 277, 287, 289
화학적 진화 208, 211, 213, 217, 229, 255, 275, 290
환원 119
환태평양 지진대 197
효소 107, 207, 208, 213, 220, 263
흑점 41, 183
흑체복사 123

기타

ATP 260, 290
DNA 124, 209, 210, 211, 217, 219, 221, 225, 256, 257, 260, 262, 263, 264, 268, 269, 271, 272, 273, 274, 275, 276, 277, 278, 279, 280, 281, 285
DNA 복제 효소 208, 275
mRNA 219, 276, 285
RNA 213, 214, 277, 278, 280, 281, 284
X-선 123, 139, 268, 270, 287

김 희 준

1970년에 서울대 화학과를 졸업하고 1973년에 해군 중위로 예편한 후 도미하여 1977년 시카고 대학교에서 물리화학 전공으로 이학박사 학위를 받았다. 그 후 MIT 생물학과, 하버드 의과대학, 미육군 네이틱 연구소에서 연구 활동을 하다가 귀국해서 1997년 3월부터 서울대 자연대 화학과 교수로 재직하고 있다.

김희준 교수와 함께하는

자연과학의 세계 2

1판 1쇄 펴냄 2003년 2월 21일
1판 10쇄 펴냄 2012년 4월 25일

지은이 • 김희준

편집주간 · 김현숙
편집 · 변효현, 김주희
디자인 · 이현정, 전미혜
영업 · 백국현, 도진호
관리 · 김옥연

펴낸이 • 이갑수
펴낸곳 • 궁리출판

등록 1999. 3. 29. 제300-2004-162호
주소 110-043 서울특별시 종로구 통인동 31-4 우남빌딩 2층
전화 02-734-6591~3
팩스 02-734-6554
E-mail kungree@kungree.com
홈페이지 www.kungree.com

ISBN 978-89-88804-87-2 04400
ISBN 978-89-88804-85-8 04400 (세트)

값 9,800원